JN144667

道路土工構造物技術基準・同解説

平 成 29 年 3 月

公益社団法人 日 本 道 路 協 会

序

我が国は地形が急峻なうえ，地質・土質が複雑で地震の発生頻度も高く，さらには台風，梅雨，積雪等の気象的にも極めて厳しい条件下におかれている。このため，道路構造物の中でも，特に自然環境の影響を大きく受ける道路土工構造物の品質確保に向けた，合理的な調査，計画，設計及び施工並びに適切な維持管理の手法や体制の確立は重要な課題である。

一方で，道路土工構造物は，道路延長の大部分を占める構造物であるにもかかわらず国としての技術基準が定められていなかった。

また，近年になって道路土工に関わるさまざまな技術の進歩により，従来は築造されなかったような高い盛土や長大な切土が構築されたり，大規模な補強土壁やカルバート等の損傷した場合に道路に大きな影響を与えるおそれのある構造物が増加したり，使用する材料についても建設発生土の利用の促進等へ変化が進んだりしており，道路土工構造物の安全性に関する明確な基準の必要性が高まっている。このような状況に鑑み，平成 27 年 3 月，道路土工構造物の新築又は改築に関する一般的技術基準である「道路土工構造物技術基準（以下「本基準」という。）」が道路法に基づいて制定された。

技術基準の制定により，道路土工構造物の新築又は改築における調査，計画，設計及び施工に関する事項が義務づけられることとなった。

「道路土工構造物技術基準・同解説（以下「本書」という。）」は，同基準の解説書として道路土工委員会においてとりまとめたものである。

これまで日本道路協会では，昭和 31 年に我が国における近代的道路土工技術の最初の啓発書として「道路土工指針」を刊行して以来，技術の進歩や工事の大規模化を踏まえて数次の改訂や分冊化を行ってきた。

昭和 58 年には、各構造物や工程ごとの分冊を総括する「道路土工要綱」が刊行され、道路土工要綱と各編指針からなる現在の土工指針の体系が確立した。平成 21 年からの最新の改訂によって，「道路土工要綱」並びに「盛土工指針」，「切土工・斜面安定工指針」，「擁壁工指針」，「カルバート工指針」，「軟弱地盤対策工指針」及び「仮設構造物工指針」の７指針に再編している。

本書のとりまとめにあたっては本基準の解説に加えて，「道路土工要綱」の基本編を中心とする「道路土工指針」の内容を参考とした。

本書の発刊に伴い，道路土工に関する技術図書類の構成の大幅な見直しを行う予定としている。

・従来の道路土工要綱の内容のうち，排水や調査等に関する記述を収録した共通編の内容については，別途図書として発刊する。

・切土・斜面安定施設，盛土，カルバート，擁壁等の個別の構造物に関する内容を収録した各構造物工指針は，それぞれの図書として発刊する。

・維持管理に関する内容を維持管理編として集約し，発刊する。

これらの図書は，順次発刊を進めていく予定である。

本書をはじめとする道路土工関連図書は，現在における道路土工の標準を示してはいるが，道路土工は同時に将来の技術の進歩及び社会的な状況変化に対しても柔軟に適合していくことが望まれている。

こうした柔軟な対応と道路土工に関する技術の発展は，本書を手にする道路技術者の努力と創意工夫にかかっていることを忘れてはならない。

本書の発刊の趣旨が正しく理解され，また，「道路土工構造物技術基準」に関する理解が深まり，今後とも質の高い道路土工構造物の整備及び維持管理がなされることを期待してやまない。

平成 29 年 3 月

日本道路協会会長　谷　口　博　昭

ま　え　が　き

これまで道路土工構造物にかかる技術図書としては，日本道路協会が発行する道路土工指針が技術の標準を示す参考図書としての役割を担ってきた。道路土工指針は，昭和 31 年に「道路工法叢書」の一部として発刊されたが，設計よりも施工方法に重きを置いて編纂されたものであった。これは，当時は日本の経済活動が戦前の水準まで回復して高速道路の建設をはじめとする公共工事の計画が進み，建設省の工事が直営から請負へ移行しつつあったことといった公共工事を取り巻く環境の変化が背景にあった。さらに，そもそも道路土工が多くの不確実性を内包することから過去の経験に従って計画し，施工段階において現地の状況に応じて対処するという特性を有していたことも一因であろう。昭和 27 年に制定された道路構造令では，道路土工構造物のうち排水施設及び防護施設については一般的技術基準が定められているものの，道路延長の大半を占める盛土及び切土は定められておらず，これらは構造物としての取り扱いを受けていなかったことがうかがえる。

しかしながら，施工や設計の技術が進展するに伴い，大規模かつ技術的に高度な道路土工構造物も建設されるようになり，道路土工構造物が道路構造物としての重要な要素と認識されるようになった。こうしたことから，平成 27 年 3 月 31 日に道路土工構造物を道路構造物の一つとして規定した「道路土工構造物技術基準（以下「本基準」という。)」が定められた。本基準は，道路法第 29 条，30 条の規定に基づき道路土工構造物を新設又は改築する場合の一般的技術基準として定められたものであり，道路土工構造物の設計において考慮すべき作用，要求性能とともに，設計及び施工にあたって留意すべき事項を規定したものである。

「道路土工構造物技術基準・同解説（以下「本書」という。)」は，本基準の解説書としてとりまとめたものであるが，これまで「道路土工要綱」基本編に記載されていた内容について，本基準の制定に伴う用語の見直しや記述内容の修正を行ったものを参考としている。また，道路土工要綱に記述がなかった事項については新たに追加している。しかしながら，本基準と従来の道路土工指針ではその適用範囲が大きく異なる。すなわち，従来の道路土工指針では，その内容は道路土工構造物の新設又は改築に限らず日常の点検や災害等における応急復旧や補修といった維持管理までが対象であること，また，特に維持管理に関して，人工的に築造される道路土工構造物に限らず自然斜面を対象とした知見も収録していることである。これらの内容については，本基準の適用範囲には含まれないが，道路の構造を保全し，安全かつ円滑な道路の交通を確保していくうえで重要な知見である。

本基準の制定によって，道路土工構造物の新築又は改築における調査，計画，設計及び施工に関する事項が義務づけられることとなった。本基準の第３章及び第４章に基本的な方針が記されているが，これらの内容は道路構造令及び道路土工要綱に記載されていたものが参考とされている。特に，道路土工構造物の設計については，以下のように定められている。

「道路土工構造物の設計は，理論的で妥当性を有する方法や実験等による検証がなされた方法，これまでの経験・実績から妥当とみなせる方法等，適切な知見に基づいて行うものとする。」

この内容は，従来の道路土工要綱における次の記述と同一の主旨となっている。

「設計は，論理的な妥当性を有する方法や実験等による検証がなされた手法，これまでの経験・実績から妥当と見なせる手法等，適切な知見に基づいて行うものとする。」

したがって，従来の道路土工指針に記載された手法は，その適用範囲内において本基準制定後も変わらず適用が可能である。今後，本書の発行に伴い，道路土工指針を含む技術図書類の構成の大幅な見直しを行う予定である。常にこれら技術図書類や最新の技術及び社会的状況を考慮しつつ本書を活用されることを希望する。

道路土工委員会	委員長	常田賢一
	前委員長	苗村正三
総括小委員会	小委員長	中谷昌一
	前小委員長	塚田幸広

道路土工委員会

委員長	常田　賢一	
前委員長	苗村　正三	
委　員	荒　　和弘	今村　隆浩
	運上　茂樹	片岡　正次郎
	茅野　牧夫	川﨑　茂信
	北川　　尚	木村　嘉富
	久保　和幸	古関　潤一
	小橋　秀俊	齋藤　清志
	笹原　克夫	佐野　良久
	渋谷　　啓	菅野　高弘
	建山　和由	舘山　　勝
	田村　敬一	田山　　聡
	塚田　幸広	中谷　昌一
	中西　　勉	中野　正則
	早瀬　宏文	檜垣　大助
	真下　英人	松尾　　修
	松本　幸司	松本　吉英
	三木　博史	見波　　潔
	森藤　敏一	柳浦　良行
	藪　　雅行	山口　嘉一
	横田　聖哉	渡辺　健治
	渡辺　博志	
幹　事	稲本　義昌	今田　一典
	加藤　俊二	小林　達徳
	佐々木　哲也	佐々木　靖人

澤松　俊寿

高木　　繁

淡中　泰雄

七澤　利明

間渕　利明

森　　芳徳

吉澤　　覚

和田　　卓

志々田武幸

谷川　征嗣

中田　　光

藤岡　一頼

宮武　裕昭

谷内上哲生

吉田　敏晴

総括小委員会

小委員長	中谷昌一	
前小委員長	塚田幸広	
委員	稲本義昌	今田一典
	加藤俊二	茅野牧夫
	川井田実	川﨑茂信
	久保和幸	小橋秀俊
	小林達徳	佐々木哲也
	佐々木靖人	澤松俊寿
	志々田武幸	鈴木潤
	高木繁	高橋章浩
	谷川征嗣	淡中泰雄
	中島進	中田一男
	中田光	中根淳
	七澤利明	藤岡一頼
	藤山一夫	間渕利明
	宮田喜壽	宮武裕昭
	森芳徳	森川嘉之
	谷内上哲生	藪雅行
	吉澤覚	吉田敏晴
	和田卓	渡部要一

目　　次

道路土工構造物技術基準

道路土工構造物技術基準について

平成27年3月31日　国都街第115号　国道企第54号
国土交通省都市局長・国土交通省道路局長から北海道開発局長・沖縄総合事務局長・各地方整備局長・東日本高速道路株式会社代表取締役社長・中日本高速道路株式会社代表取締役社長・西日本高速道路株式会社代表取締役社長・首都高速道路株式会社代表取締役社長・阪神高速道路株式会社代表取締役社長・本州四国連絡高速道路株式会社代表取締役社長・各都道府県知事・各政令市長あて通知

（以下，北海道開発局長・沖縄総合事務局長・各地方整備局長あて）

今般，別添のとおり「道路土工構造物技術基準」を定めたので，通知する。

本基準は，平成27年度以降の設計，計画に適用する。ただし，必要に応じて平成26年度以前の設計，計画に適用する事ができるものとする。

（以下，東日本高速道路株式会社代表取締役社長・中日本高速道路株式会社代表取締役社長・西日本高速道路株式会社代表取締役社長・首都高速道路株式会社代表取締役社長・阪神高速道路株式会社代表取締役社長・本州四国連絡高速道路株式会社代表取締役社長あて）

今般，別添のとおり「道路土工構造物技術基準」を定めたので，通知します。

本基準は，平成27年度以降の設計，計画に適用します。ただし，必要に応じて平成26年度以前の設計，計画に適用する事ができるものとします。

（以下，都道府県知事及び政令市長あて）

今般，別添のとおり「道路土工構造物技術基準」を定めたので，通知します。

本基準は，平成27年度以降の設計，計画に適用します。ただし，必要に応じて平成26年度以前の設計，計画に適用する事ができるものとします。

なお，本通知は，地方自治法（昭和22年法律第67号）第2条第9項第1号に規定する第1号法定受託事務に対しては同法第245条の9第1項に基づく処理基準とし，同法第2条第8項に規定する自治事務に対しては同法245条の4第1項に基づく技術的な助言であることを申し添えます。

また，貴管内道路管理者に対しても，この旨周知方お取り計らい願います。

道路土工構造物技術基準

第1章　総　　則

この技術基準は，道路法（昭和27年法律第180号）第29条及び第30条を適用して，道路土工構造物を新設し，又は改築する場合における一般的技術基準を定めるものである。

第2章　用語の定義

本基準における用語の定義は，次のとおりとする。

（1）道路土工構造物

道路を建設するために構築する土砂や岩石等の地盤材料を主材料として構成される構造物及びそれらに附帯する構造物の総称をいい，切土・斜面安定施設，盛土，カルバート及びこれらに類するものをいう。

（2）路床

舗装の基礎となる舗装下面の土の部分をいう。

（3）地山

道路土工構造物の構築の用に供する自然地盤をいう。

（4）切土

路床と舗装との境界面までの地山を切り下げた部分をいう。

（5）盛土

路床と舗装との境界面までの土を盛り立てた部分をいう。

（6）のり面

盛土又は切土により人工的に形成された斜面をいう。

（7）自然斜面

自然に形成された斜面をいう。

（8）斜面安定施設

自然斜面の崩壊等による道路への影響を防止又は抑制するために設置する施設をいう。

（9）カルバート

道路の下を横断する道路，水路等の空間を確保するために，盛土又は原地盤内に設けられる構造物をいう。

第３章　道路土工構造物に関する基本的事項

（1）道路土工構造物は，その構造形式及び交通の状況及び当該道路土工構造物の存する地域の地形，地質，気象その他の状況を勘案し，当該道路土工構造物に影響する作用及びこれらの組合せに対して十分安全なものでなければならない。

（2）道路土工構造物の新設又は改築にあたっては，使用目的との適合性，構造物の安全性，耐久性，施工品質の確保，維持管理の確実性及び容易さ，環境との調和並びに経済性を考慮しなければならない。

（3）道路土工構造物の調査及び計画にあたっては，当該地域及びその周辺の地形，地質，環境，気象，水理，景観，過去の点検状況，維持修繕及び災害履歴，個々の道路土工構造物の特性，使用する材料，対象とする災害，連続又は隣接する構造物等がある場合はその特性並びに維持管理の方法を考慮しなければならない。

第４章　道路土工構造物の設計

４－１　設計に際しての基本的事項

（1）道路土工構造物の設計は，使用目的との適合性及び構造物の安全性について，４－２の作用及びこれらの組合せ並びに４－３の要求性能を満足するよう行わなければならない。

（2）道路土工構造物の設計は，理論的で妥当性を有する方法や実験等による検証がなされた方法，これまでの経験・実績から妥当とみなせる方法等，適切な知見に基づいて行うものとする。

（3）道路土工構造物の設計にあたっては，その施工の条件を定めるとともに，維持管理の方法を考慮しなければならない。

4－2　作　　用

道路土工構造物の設計にあたっては，次の作用を考慮することを基本とする。

（1）常時の作用

常に道路土工構造物に影響する作用をいう。

（2）降雨の作用

地域の降雨特性，道路土工構造物の立地条件等を勘案し，供用期間中に通常想定される降雨に基づく作用をいう。

（3）地震動の作用

次に示すレベル1地震動及びレベル2地震動の2種類の地震動による作用をいう。

1）レベル1地震動

供用期間中に発生する確率が高い地震動

2）レベル2地震動

供用期間中に発生する確率は低いが大きな強度をもつ地震動

（4）その他の作用

4－3　要求性能

（1）道路土工構造物の設計に際して要求される性能（以下「要求性能」という。）は，（3）に示す重要度の区分に応じ，かつ，当該道路土工構造物に連続又は隣接する構造物等の要求性能・影響を考慮して，4－2の作用及びこれらの組合せに対して（2）から選定する。

（2）道路土工構造物の要求性能は，安全性，使用性及び修復性の観点から次のとおりとする。

性能1：道路土工構造物が健全である，又は，道路土工構造物は損傷するが，

当該道路土工構造物の存する区間の道路としての機能に支障を及ぼさない性能

性能２：道路土工構造物の損傷が限定的なものにとどまり，当該道路土工構造物の存する区間の道路の機能の一部に支障を及ぼすが，すみやかに回復できる性能

性能３：道路土工構造物の損傷が，当該道路土工構造物の存する区間の道路の機能に支障を及ぼすが，当該支障が致命的なものとならない性能

（３）道路土工構造物の重要度の区分は，次のとおりとする。

重要度１：下記（ア），（イ）に示す道路土工構造物

（ア）下記に掲げる道路に存する道路土工構造物のうち，当該道路の機能への影響が著しいもの

・高速自動車国道，都市高速道路，指定都市高速道路，本州四国連絡高速道路及び一般国道

・都道府県道及び市町村道のうち，地域の防災計画上の位置づけや利用状況等に鑑みて，特に重要な道路

（イ）損傷すると隣接する施設に著しい影響を与える道路土工構造物

重要度２：（ア）及び（イ）以外の道路土工構造物

４－４　各道路土工構造物の設計

各道路土工構造物の設計は，４－１～４－３によるほか，次に従って行うものとする。

４－４－１　切土・斜面安定施設

（１）常時の作用として，少なくとも死荷重の作用を考慮する。

（２）斜面安定施設については，（１）のほか，斜面安定施設の設置目的に応じて斜面崩壊，落石・岩盤崩壊，地すべり又は土石流による影響を考慮する。

（３）切土のり面は，のり面の侵食や崩壊を防止する構造となるよう設計する。

（４）切土は，雨水や湧水等を速やかに排除する構造となるよう設計する。

（５）斜面安定施設は，雨水や湧水等を速やかに排除する構造となるよう設計す

る。

4－4－2　盛　　土

（1）常時の作用として，少なくとも死荷重の作用及び活荷重の作用を考慮する。
（2）盛土のり面は，のり面の侵食や崩壊を防止する構造となるよう設計する。
（3）盛土は，雨水や湧水等を速やかに排除する構造となるよう設計する。
（4）路床は，舗装と一体となって活荷重を支持する構造となるよう設計する。
（5）盛土の基礎地盤は，盛土の著しい沈下等を生じないよう設計する。

4－4－3　カルバート

（1）常時の作用としては，少なくとも死荷重の作用，活荷重の作用及び土圧の作用を考慮する。
（2）カルバート裏込め部は，雨水や湧水等を速やかに排除する構造となるよう設計する。
（3）カルバートの基礎地盤は，カルバートの著しい沈下等を生じないよう設計する。

第５章　道路土工構造物の施工

（1）道路土工構造物の施工は，設計において定めた条件が満たされるよう行わなければならない。
（2）道路土工構造物の施工にあたっては，十分な品質の確保に努め，環境への影響にも配慮しなければならない。

第６章　記録の保存

道路土工構造物の維持管理に必要となる記録は，当該道路の機能を踏まえ，適切に保存するものとする。

道路土工構造物技術基準・同解説

道路土工構造物技術基準・同解説

第1章　総　　則

この技術基準は，道路法（昭和27年法律第180号）第29条及び第30条を適用して，道路土工構造物を新設し，又は改築する場合における一般的技術基準を定めるものである。

本章では，道路土工構造物技術基準（以下「本基準」という。）が道路法に基づく道路土工構造物に適用されるものであることが規定されている。

道路法では，同法第29条（道路の構造の原則）において，道路の構造は，当該道路の存する地域の地形，地質，気象その他の状況及び当該道路の交通状況を考慮し，通常の衝撃に対して安全なものであるとともに，安全かつ円滑な交通を確保することができるものでなければならないことを定めている。また，同法第30条（道路の構造の基準）において，道路の構造の技術的基準として政令で定める事項が規定されており，同条に基づいて道路構造令が定められている。道路構造令のうち道路土工構造物に関係するものとしては，第26条に「排水施設」，第33条に「防雪施設その他の防護施設」が定められている。

本基準は，これらの法令に基づいて定められた，道路土工構造物を新設又は改築する際の一般的技術基準である。

ここでいう一般的技術基準とは，道路の通常の機能を確保し，通常の自然的・外部的条件のもとで構築される道路土工構造物に対応する技術基準ということである。したがって，一般的道路利用とは異なる機能を必要とするもの，局地的大雨，津波，断層変位及び人為的な事故や災害といった通常の自然的・外部的条件とは異なる条件にあるものは，本基準で考慮している条件と異なるために，本基準の規定をそのまま適用することが必ずしも妥当といえない場合がありうる。このような条件で道路土工構造物を新設又は改築する場合は，本基準で定める基本的な事項の趣旨を参考にしつつ，個別に検討を行う必要がある。なお，修繕，災害復旧工事等は対象としていないが，本書で記載する基本的な事項の多くは修繕，災害復旧工事等にも適用でき，この観点から，これらの場合にも技術的に準用することが可能である。

道路は，路線の重要度等による道路の機能と，そのおかれている自然的・外部的条件により定まる要求性能をもとに，多種多様な道路構造物が選定され組み合わされることにより形成される。本基準の適用にあたっては，基準の趣旨を正しく理解するとともに，要求性能に見合った一貫性のある道路ネットワークの形成に努めることが肝要である。

第２章　用語の定義

本基準における用語の定義は，次のとおりとする。

（１）道路土工構造物

道路を建設するために構築する土砂や岩石等の地盤材料を主材料として構成される構造物及びそれらに附帯する構造物の総称をいい，切土・斜面安定施設，盛土，カルバート及びこれらに類するものをいう。

（２）路床

舗装の基礎となる舗装下面の土の部分をいう。

（３）地山

道路土工構造物の構築の用に供する自然地盤をいう。

（４）切土

路床と舗装との境界面までの地山を切り下げた部分をいう。

（５）盛土

路床と舗装との境界面までの土を盛り立てた部分をいう。

（６）のり面

盛土又は切土により人工的に形成された斜面をいう。

（７）自然斜面

自然に形成された斜面をいう。

（８）斜面安定施設

自然斜面の崩壊等による道路への影響を防止又は抑制するために設置する施設をいう。

（９）カルバート

道路の下を横断する道路，水路等の空間を確保するために，盛土又は原地盤内に設けられる構造物をいう。

（２）路床

舗装の基礎となる舗装下面より約１m下までの土の部分をいう。舗装を直接支え，その支持力は舗装の厚さを決定する基礎となる。均等な支持力をもつ路床面を得るために行った局部的な路床土の置換え部分，切り盛り境の緩和区間を埋め戻した部分等も路床に含まれる。

（4）切土

地山を切り下げて形成されたのり面から路床面までの背後の地山を含めた部分をいう。切土のり面及びのり面保護施設が含まれ，排水施設も一体となって構成される。

（5）盛土

路床と舗装との境界面までの土砂や岩石等の地盤材料を主材料として，盛り立てた部分をいう。盛土のり面，のり面保護施設及び路床が含まれ，排水施設や基礎地盤も一体となって構成される。

（7）自然斜面

堆積土砂等も含まれる。人工的に形成された斜面と違い，形状，勾配が一様でなく複雑である。

（8）斜面安定施設

対象とする災害形態に応じて，斜面崩壊対策，落石・岩盤崩壊対策，地すべり対策，土石流対策等を目的とした施設がある。なお，これらの対策施設には，災害を予防する予防施設と防止する防護施設がある。

（9）カルバート

トンネル，橋，高架の道路以外のものをいう。

盛土及び切土部の断面と代表的な部位の名称を**解図２－１**に，道路土工構造物の体系図を**解図２－２**に示す。

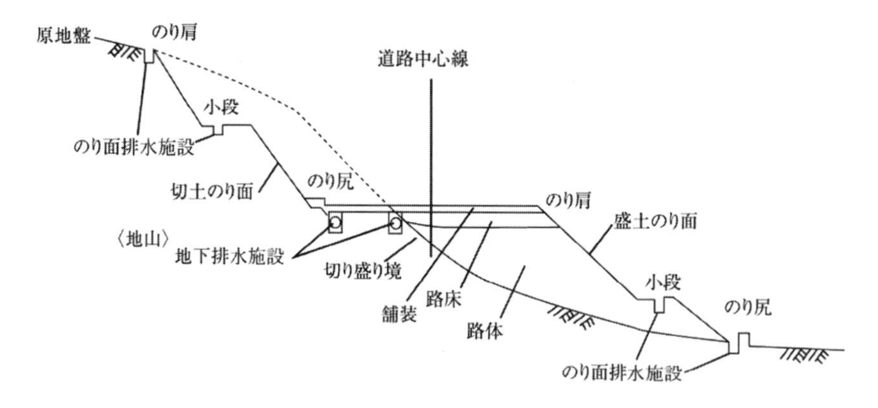

解図２－１　盛土部及び切土部の断面と代表的な部位の名称

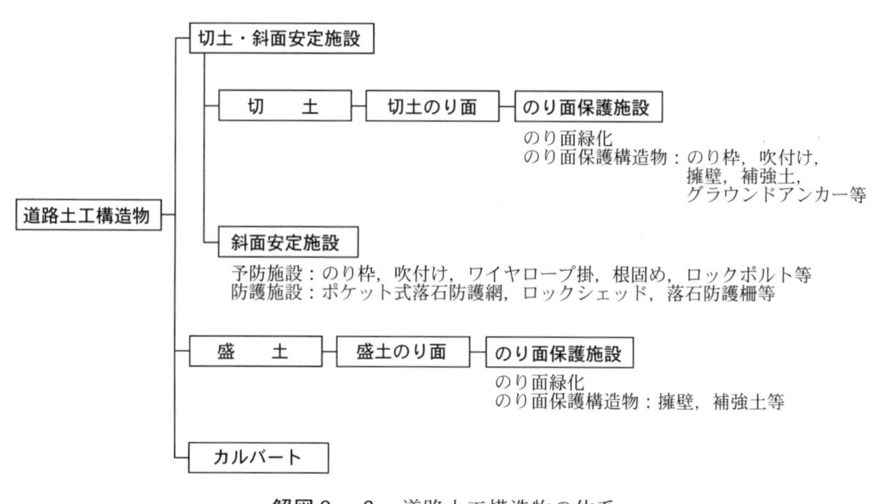

解図２－２　道路土工構造物の体系

第３章　道路土工構造物に関する基本的事項

（１）道路土工構造物は，その構造形式及び交通の状況及び当該道路土工構造物の存する地域の地形，地質，気象その他の状況を勘案し，当該道路土工構造物に影響する作用及びこれらの組合せに対して十分安全なものでなければならない。

（２）道路土工構造物の新設又は改築にあたっては，使用目的との適合性，構造物の安全性，耐久性，施工品質の確保，維持管理の確実性及び容易さ，環境との調和並びに経済性を考慮しなければならない。

（３）道路土工構造物の調査及び計画にあたっては，当該地域及びその周辺の地形，地質，環境，気象，水理，景観，過去の点検状況，維持修繕及び災害履歴，個々の道路土工構造物の特性，使用する材料，対象とする災害，連続又は隣接する構造物等がある場合はその特性並びに維持管理の方法を考慮しなければならない。

本章では，道路土工構造物に関する基本的な方針が規定されている。すなわち，第４章で規定される設計及び第５章で規定される施工の両者に共通する理念に相当するものである。

道路土工構造物は，計画及び設計の前提となる条件の設定に対して実際の現場において生じる不確実性が大きいという特徴を有している。そのため，道路土工構造物の性能を確保するためには，調査，設計及び施工において段階的に不確実性を低減していくことが重要である。道路土工構造物の基礎地盤を例としてみると，調査の段階でボーリング等の調査を密に実施することにはおのずと限界があり，ある程度の不確実性を残さざるを得ない。一方，施工の段階で掘削等により基礎地盤が露出することで事前の調査では把握できなかった事象の分布や基礎地盤の実態をより明確に把握することができ，必要に応じて設計や施工方法を変更することで不確実性を低減することができる。また，施工が終了して供用を開始した時点でもすべての不確実性を解消することは困難であることから，供用中の適切な点検，補修等を通じて性能を維持しつつ，段階的に不確実性を低減していくことが重要である。

（１）道路土工構造物の構造形式には切土・斜面安定施設，盛土，カルバート等があり，自然的な特性が強いものから，鋼やコンクリートを使用した人工構造物まで多種多様である。道路の機能は多様であり，道路構造令でいうところの道路の区分のほか，例えば地域の防災計画上での位置づけ等は対象とする道路によって異なるものである。道路土工構造物は交通荷重に耐え，安全かつ円滑な交通を確保するために安定した基礎としての機能を果たすという役割とともに，降雨あるいは地震等の自然現象によって生ずる作用によりもたらされる変状が，道路に要求される性能に対して影響を及ぼさないという役割が課せられる。

道路土工構造物のうち，特に切土・斜面安定施設については，供用中の点検，補修及び補強を通じて，段階的に不確実性を低減していくことが重要である。また，想定される一つの災害発生源に対して擁壁，吹付け，グラウンドアンカー等の複数の道路土工構造物を配置し機能を組み合わせることによって，道路の安全性を確保するといった特徴を有している。

道路土工構造物に作用すると想定される事象は多くの不確実性を含んでいることから，いかなる条件においても道路土工構造物のみで安全かつ円滑な交通の確保を達成しようとすることは現実的でない。例えば，降雨の作用のうち局地的大雨等に対しては適切な道路通行規制を実施することで安全を確保することを前提としたうえで，道路土工構造物の設計において考慮する降雨の作用を設定することも必要である。

いかに綿密な調査，計画及び設計を行っても，施工中に予測し得ない状況が生じて道路土工構造物が崩壊するといった事態にならないとは限らない。したがって，設計及び施工にあたっては，道路土工構造物に崩壊等が発生しても，これによる影響を抑制するような設計上の配慮と施工上の対策を検討しておくことが重要である。施工段階において当初予期しないことに遭遇したような場合，直ちに調査を追加し，必要に応じて設計や施工方法を変更するなどの臨機の処置を施すことが特に大切である。

調査及び設計の段階に知り得た土質に関する情報は施工時のそれとは異な

る場合があるので，綿密な施工管理によって設計時の条件を再検討し，設計条件と整合させる必要がある。

水の作用の影響を大きく受ける道路土工構造物の設計は，その存する地域の地形，地質，気象の状況を十分に勘案する必要がある。特に排水は，道路土工構造物の性能確保に関して極めて重要な事項である。また，落石，岩盤崩壊，地すべり，土石流等で発生源に対する抜本的な対策が困難な場合には，道路土工構造物による対策が完了するまでは必要に応じて事前通行規制等の安全確保策を講じる。供用中の点検等により，道路土工構造物では防げないような規模の大きな岩盤崩壊や地すべり等が認められ，安全で円滑な道路交通の確保が困難と考えられる場合には，これらの作用を回避するために，道路の改築により対応する視点も必要である。

（2）道路土工構造物の新設又は改築にあたっては，他の道路構造物と同様に設計において常に以下について考慮することが重要である。

1）使用目的との適合性

使用目的との適合性とは，道路土工構造物により形成される道路が計画どおりに利用できる機能のことであり，通行者が安全かつ快適に使用できる使用性等を含む。

2）構造物の安全性

構造物の安全性とは，死荷重，活荷重，降雨や地震の影響等の作用に対し，道路土工構造物が適切な安全性を有していることである。

3）耐久性

耐久性とは，道路土工構造物に経年的な劣化が生じにくいこと，また生じたとしても使用目的との適合性や構造物の安全性が大きく低下することなく，所要の性能が確保できることである。

4）施工品質の確保

施工品質の確保とは，使用目的との適合性や構造物の安全性及び耐久性を確保できることの前提となる所要の施工品質が確実に得られることである。また，施工段階における安全性も有していなければならない。施工の良し悪しが耐久性に及ぼす影響が大きいことを設計の段階で十分に認識して，適切な施工品質が得られるよう努めることが重要である。また，設計計算だけでは決定しないような細部構造等も，耐久性と密接に関係がある場合があるので，設計において慎重に検討する必要がある。

5）維持管理の確実性及び容易さ

維持管理の確実性及び容易さとは，供用中の日常の点検，定期的な点検，地震等の災害時に被災の可能性の有無や程度等の道路土工構造物の状態を確認するために行う必要がある調査，劣化や損傷が生じた場合に必要となる調査，補修や補強作業等が，確実かつ合理的に行えることであり，これは設計の前提として耐久性や経済性にも関連するものである。

6）環境との調和

環境との調和とは，道路土工構造物が周辺の自然環境や社会環境に及ぼす影響を軽減すること又は道路土工構造物が周辺環境と調和すること及び道路土工構造物が周辺環境にふさわしい景観性を有すること等である。また，良好な自然環境が存在する地域においては，必要に応じて生物多様性の確保及び多様な自然環境の体系的保全にも配慮する。

7）経済性

経済性に関しては，ライフサイクルコストを最小化する観点から，単に建設費を最小にするのではなく，点検管理や補修等の維持管理費を含めた費用がより小さくなるよう心がけることが大切である。

（3）道路は，路線の重要度等に応じた道路の機能とそのおかれている自然的・外部的条件により定まる要求性能をもとに，多種多様な道路構造物が選定され組み合わされることにより形成される。要求性能に見合った一貫性のある道路ネットワークを形成するためには，調査及び計画の段階において以下の事項に留意することが重要である。

1）道路土工構造物の調査及び計画の基本

道路の計画，設計，施工及び維持管理の各段階に応じて必要となる地形，地質，環境条件等の情報の種類とその精度は一様ではないので，これに対する調査の内容，規模及び詳細さも異なったものとなる。したがって，その道路の地域特性等を考慮して，各段階での目的に合致した調査を適切な手法により実施し，計画，設計，施工及び維持管理に反映することが必要である。また，各段階の調査で得られた情報を十分に把握し，後続の段階の調査に反映することが，調査の精度を向上していくうえで重要である。調査の詳細は「道路土工要綱」を参考とするとよい。

道路土工構造物の計画は，道路計画における①道路の機能，②社会的制約，③建設技術上の制約の３つに密接な関係をもち，道路工事の規模，工期，環境保全，防災対策，安全施工等への配慮や技術が求められる。そして，これらの工事の前提条件や制約条件を整理したうえで，具体的な設計及び施工の方法を検討し，最も合理的な道路計画を作成することになるが，土工に関わる費用は道路建設工事費全体の約５割を占めるとも言われており，効率的な事業執行の面からも，計画を十分検討することが必要である。

道路の計画段階において，大規模な崩壊，落石，地すべり，土石流等が想定され，道路土工構造物で対応が難しい場合や道路土工構造物の安定に必要な基礎地盤の安定の確保が困難な場合は，路線や構造形式の変更で危険地域を回避する対応を検討する必要がある。この検討にあたっては，計画段階において路線の要注意箇所を把握し，路線の選定・変更やトンネル，橋梁等の構造型式への変更等に反映させることが望ましい。特に，地すべり地等において大規模な盛土や切土を行うと思わぬ災害を引き起こすことがあるので，資料調査や地形判読，地質概査等により路線上の要注意箇所を把握するとともに，問題が予想される場合には，現地踏査，ボーリングや物理探査等によって事前に地形・地質・土質条件，施工予定地付近の既設ののり面・斜面における変状を十分に調査したうえで最適な路線や構造形式を検討する必要がある。

また，大規模な切土は，自然・景観面でも影響が大きく，のり面保護工等での自然環境や景観の保全や再生には限界があるため，自然環境や景観保全上重要な場所においては，極力大規模な地形の改変を回避するような路線の選定や修正（小シフト），トンネルや橋梁への変更等を検討することが望ましい。

さらに，沢部や断層破砕帯部に盛土する場合，地下水や湧水に対する注意を要する区域であるかどうかを図上で確認し，その後の対策の着眼点とする必要がある。

最近では，災害発生危険性の観点ばかりでなく，土壌汚染等との遭遇も，道路計画上のコントロールポイントとなる事例が増えている。そのため，道路の計画・概略調査の早い段階から管理すべきリスクを軽減するような対応を検討しておくことが望ましい。

2）当該地域及びその周辺の地形，地質

道路土工構造物の調査及び計画にあたっては，地盤の力学的性質等に着目した詳細な調査，試験，設計等を行うのに先だって，それらを含む広い範囲の地形，地質的な観点からの広い視野で評価を行うことが重要である。

道路土工構造物のうち，盛土や盛土擁壁は道路の用に供する上部からの荷重等の作用を，切土擁壁や斜面安定施設は道路土工構造物上部からの荷重等の作用をそれぞれ基礎地盤に伝えて安定するものであり，基礎地盤の安定性は道路土工構造物の安定に極めて重要である。2016 年に発生した熊本地震では，河岸段丘地形に堆積した火山性堆積物からなる基礎地盤が強い地震動により変状し，結果として道路土工構造物等が大きな被害を受けた事例もあり，道路土工構造物の調査及び計画にあたって基礎地盤の安定性を適切に評価することが重要である。さらに，基礎地盤を含めた道路土工構造物全体の安定性についても確保するという視点に加えて，軟弱地盤における沈下や側方流動，液状化，斜面における変状に対して基礎地盤自体が安定しているかどうかという視点も重要である。

切土，自然斜面等の安定を支配するものは，営力に係わる要因が優位にあることが多く，切土工によって新たに露出した土や岩は，土質や地質及び堆積状況等の素因，応力解放によるゆるみ，風化作用等が複雑に影響し，時間の経過とともに劣化が進行することをよく認識しておくことが重要である。

軟弱地盤の性状は一般に複雑で，地盤の挙動や軟弱地盤対策の効果を設計段階で確実に把握し，工事中又は工事後の盛土や構造物の挙動あるいは周辺への影響を正確に予測することは困難である。このため，必要に応じて試験盛土を行い，その結果を設計に反映したり，情報化施工により盛立て時や掘削時の安定性を随時確認しながら，その結果を設計定数や施工方法の見直しに反映させることが重要である。したがって，特に軟弱地盤上に道路土工構造物を新設又は改築する場合には，工期（時間）にゆとりがあれば比較的経済的な工法選択の可能性が広がるので，計画段階において工期と工事費の調整を図ることが重要である。

特に，軟弱地盤上の低盛土，傾斜基盤上の盛土あるいは道路横断方向に地山と軟弱地盤が分布する盛土といった条件の場合にはさまざまな問題に遭遇する。例えば，低盛土では，交通荷重が盛土内で十分に分散できずに軟弱地盤に達するため，供用開始後に過大な沈下を生じる場合がある。また，軟弱地盤が傾斜基盤上にある場合，盛土の不同沈下や傾斜方向へのすべりを生じる場合がある。これらの現象を十分に理解し，必要とする構造物の性能に対して，軟弱地盤上の構造物の形状や位置，地盤条件及び施工条件等に対応した適切な対策工法を適用する必要がある。

3）気象，水理

道路土工構造物の新設又は改築にあたっては，降雨及び融雪並びにこれらによってもたらされる表流水，湧水及び地下水等の水の作用が，施工条件を大きく左右すると同時に，完成後の道路土工構造物の品質や性能に大きく影響することから，調査及び計画にあたって現地の気象・水理への配慮が重要である。

排水施設は，道路土工構造物の性能確保に極めて重要な役割を果たしており，適切に設置することが前提である。排水施設については４－４－１～４－４－３で規定されている。また，併せて「道路土工要綱」を参考とするとよい。

なお，土中の浸透水の動きは地盤の地層構成，土質等の条件が複雑に関係するため，事前の調査のみによって正確に把握することは難しく，施工中に地下水や透水層の存在が判明することも多い。したがって，施工中においても常に地表水や浸透水の動きをよく観察し，施工中の対策に加えて当初設計における排水計画の見直しを行うなど，適切に対応することが重要である。

水辺に接する道路土工構造物や地下水位が高い場合については，水圧や浮力，流水による侵食の影響及びカルバートや擁壁の裏込め土の吸出し等についても考慮する必要がある。道路土工構造物に対する影響のみならず，洗掘等の基礎地盤への影響も考慮する必要がある。

4）環境や景観

道路土工構造物の調査及び計画にあたって，自然環境の保全上重要な地域においては，道路による改変を極力少なくすることが重要であり，保存・保全の必要な地域を回避する路線の選定や切土・斜面安定施設や擁壁を利用した土工量の低減，改変を軽減できる道路構造物を選定するなど，十分に配慮する必要がある。

道路土工構造物は，その規模が大きいほど環境・景観への影響も少なくない。このため，設計にあたっては，周辺環境や景観への影響を可能な限り回避，低減することが基本であるとともに，計画する道路及び道路土工構造物の特性を十分に把握しておくことが重要である。

周辺環境に対する影響の検討では，自然環境の状態や周辺の土地利用状況，文化財の存在について把握しておく必要がある。また，景観への影響の検討にあたっては，沿道の主要眺望点・景観資源の分布，主要眺望点からの眺望景観を把握し，道路土工構造物の景観が周辺の貴重な景観や地域景観を損なうことにならないように検討するとともに，道路利用者から見た景観についても把握しておく必要がある。

道路土工構造物の新設又は改築にあたっては，建設リサイクル，土壌汚染対策への配慮が不可欠である。建設工事で発生する建設発生土や建設汚泥を自ら有効利用することはもちろんのこと，計画の段階から適切に建設副産物の発生抑制対策の検討を行うとともに，循環型社会構築の責務を担う立場から，他産業からの副産物を有効に活用することにも配慮することが重要である。これらの建設リサイクルに際しては，品質の確認を適切に行う必要がある。また，土壌汚染対策としては，自然由来又は人為的な汚染土壌に遭遇して対応を迫られる場合が大半であり，建設材料自体が土壌汚染の原因となる場合は比較的少ないが，いずれも周辺環境に悪影響を及ぼさないよう適切に対応する必要がある。また，施工段階で初めて土壌汚染が判明すると，その対策に多くの費用と期間を要する場合があることから，事前の調査を入念に実施しておくことが重要である。

5）過去の点検状況，維持修繕及び災害履歴

道路土工構造物のうち，特に自然構造やそれに近しい性格を有するものについては，その性能を使用する材料や外形的な情報等から高い確度で定量的に評価し得る場合は多くなく，類似する形式の道路土工構造物に関する変状事例等から類推して総合的に判断しなければならないことが多い。そのため，道路土工構造物を新設又は改築する場合には，調査及び計画の段階から，類似した条件の施工実績及び災害事例並びに近隣の道路の過去の点検状況，維持修繕及び災害履歴を十分に考慮する必要がある。

6）個々の道路土工構造物の特性

道路土工構造物は，切土・斜面安定施設，盛土，カルバート等種類が多く，かつ，その機能も多様である。これらは，供用中の降雨や地震のほか，地下水や湧水，凍結融解，塩害等により受ける影響の程度も道路土工構造物により異なる。したがって，供用中に受ける作用に対して個々の道路土工構造物の特性を把握して計画することが必要となる。特に，水の作用に対する道路土工構造物の特性は十分に把握することが望ましい。

切土等では，下部に擁壁，上部はのり面緑化あるいは吹付けを配し，さらに一部にグラウンドアンカーを設置して安定化を図るなど，複数ののり面保護施設を配置する例も多い。このような場合は，同一の降雨や地震動の作用であっても，それぞれの道路土工構造物が異なる応答を示すことがある。そのため，個々の道路土工構造物の特性を十分に理解したうえで調査及び計画を実施する必要がある。また，変形を許容する構造物と変形により重大な影響を受けるおそれのある構造物を組み合わせる場合のように，両者の特性の相違が一方の構造物の弱点となることもあるため，構造物を組み合わせて適用する場合には，その選定に留意が必要である。

7）使用する材料

道路土工構造物は土砂や岩石等を主材料としており，その性能は材料である土砂や岩石等に大きく影響され，なおかつ材料の物性の均質性が高くない

場合が多い。使用する土砂や岩石等の特性を的確に判定し，それに合った施工を行うかどうかが，道路土工構造物の品質及び経済性を大きく支配する。適切な締固め，水の処理といった日常の作業の蓄積と，綿密な配慮の集積が，道路土工構造物の品質の良否を左右する鍵であるということをよく認識しておく必要がある。

近年ではリサイクル等の観点から盛土材料を遠隔地から運搬して利用するケースも増えつつあり，調査及び計画の段階で材料を特定しづらい面もあるが，土量配分等の計画の段階で可能な範囲で材料の性状の把握に努めることが望ましい。

また，のり面保護施設や斜面安定施設には，モルタル・コンクリート，鋼，のり面緑化用資材等の材料が使用される。これらの材料の使用にあたっては，品質の確かめられたものの中から使用目的，環境，用途等に応じて適切なものを選定することが重要である。

8）対象とする災害

道路土工構造物には，斜面安定施設やのり面保護施設等，道路が自然災害によって受ける被害を最小限にとどめるために設置されるものがあるが，道路土工構造物の計画においては，対象とする災害の形態と規模を明確にすることが重要である。そのうえで，対象とする災害に適した道路土工構造物を適用する必要がある。例えば，のり面保護のためののり面緑化やモルタル吹付け等は，のり面が安定していることを前提としてのり表層の劣化を防止するために設けられるものであるが，崩壊等の発生が懸念されるような不安定なのり面を安定化させる機能は有していない。また，落石防護ネット等においても受け止めうる落石の大きさや形態には限界があり，いかなる落石であっても防げるといったものではない。このように単独の道路土工構造物では対応が困難な場合には，想定する同一の災害に対して複数の道路土工構造物を組み合わせて設置することが多い。他方，のり面の表層の崩壊を防ぐための施設を多数設置したとしても，深層の崩壊を防ぐ効果は期待できない。また，道路土工構造物だけでは防ぎきれないような規模の大きな災害に対しては，道路土工構造物による対策と異常気象時事前通行規制の併用あるいは路線計画の変更といった対応が必要となる場合もある。

9）連続又は隣接する構造物等の特性

道路は，道路土工構造物のみならず，トンネル，橋梁等の道路構造物が連続することで構成されている。鋼・コンクリートを主体とする道路構造物と，土砂や岩石等を主体とする道路土工構造物では特に変形等の特性の相違がそれぞれの機能に相互に影響を及ぼすことがあり，配慮が必要である。特に近年は，コスト縮減等の目的から橋梁やトンネルの延長を短くするために道路土工構造物によって対応する場合があり，こうした構造物が連続する箇所においては特に相互の変形特性の相違が弱点とならないよう配慮が必要である。

盛土が崩壊した場合や，斜面安定施設の機能を超えるような落石等が発生した場合に，その影響が道路に限らず道路に隣接する他の施設等に及ぶこともある。そのため，道路土工構造物の調査及び計画にあたっては，道路以外の隣接する構造物等への影響についても考慮する必要がある。

また，軟弱地盤において長期的に沈下が生じるような場合には，道路土工構造物の機能が正常であるか否かにかかわらず，隣接する施設に影響が及ぶことがあるので留意する必要がある。

道路建設に伴って河川や水路を付け替えること等があるが，このような場合には水の浸透や流下の形態が変化したり，河道の掘り下げ掘削等により基礎地盤に影響を与えることがあるので留意が必要である。宅地造成等により道路に隣接する地域の雨水の流況が変化し，周辺の雨水が道路に流れ込むことで道路土工構造物の安定に悪影響が及ぶ場合もあるので，このような道路敷地外からの影響についても可能な範囲で配慮が必要である。

盛土中に埋設管により通水をするような場合に，地震等の作用により道路土工構造物が変形した結果，損傷した埋設管からの水の供給により地震等の発生から遅れて盛土が崩壊した事例もあり，埋設管から漏水が生じにくくなるような材料・構造の管体を採用するなどの配慮が必要である。

道路土工構造物は原地盤や盛土等の土の部分と，橋梁，トンネル，カルバート，擁壁等の人工的な構造の部分とが複合，連続したものである。道路土工構造物においてはこれまでの経験上，土の部分と構造物の部分との境界部，土の部分でも切り盛り境，片切り片盛りのような原地盤と盛土との境界部が，構造上の弱点になりやすい。一般に，縦断勾配がある切土部と盛土部の境界では路面排水が集まりやすく，地下水位も高くなる傾向にある。そのため，このような箇所から弱体化が進行しないよう，特に留意する必要がある。

橋台，カルバート，擁壁等の剛性の高い構造物と盛土との接続部では，両者の沈下量の差により路面に段差が生じやすい。段差は，裏込め材の体積圧縮あるいは軟弱地盤の圧密沈下等によって誘発される。また，地震によっても橋台等と背面の盛土間に段差が生じる場合もある。このような段差を抑制するためには，裏込め，埋戻し部分の変形をなるべく少なくし，剛性のある構造物とのすり付けをよくするよう，使用する材料を含めて施工方法をよく検討することが重要である。また，カルバート等では，その機能から求められる沈下量の制限の範囲内において維持管理段階での柔軟な補修対応を前提に，盛土と一体となって変形しうる基礎形式や接続部の変形抑制構造等についても検討する必要がある。

10）維持管理の方法

道路土工構造物は，設計の段階における予測の不確実性が大きいので，調査，計画，設計，施工及び供用中の点検・補修・補強を通じて，段階的に不確実性を低減していくことが基本となる。したがって，道路土工構造物の維持管理は，道路土工構造物の施工時の状態を維持するという耐久性を保持する目的に限らず，供用の段階で発生を想定すべき軽微な変状の検知，診断と対策の実施による不確実性の低減が可能であるようにすることが重要である。

第４章　道路土工構造物の設計

４－１　設計に際しての基本的事項

（１）道路土工構造物の設計は，使用目的との適合性及び構造物の安全性について，４－２の作用及びこれらの組合せ並びに４－３の要求性能を満足するよう行わなければならない。
（２）道路土工構造物の設計は，理論的で妥当性を有する方法や実験等による検証がなされた方法，これまでの経験・実績から妥当とみなせる方法等，適切な知見に基づいて行うものとする。
（３）道路土工構造物の設計にあたっては，その施工の条件を定めるとともに，維持管理の方法を考慮しなければならない。

（１）設計の基本

道路土工構造物の設計にあたっては，第３章に示した事項を考慮する必要がある。第３章（２）に示した事項のうち，使用目的との適合性，構造物の安全性については，４－２の作用及びこれらの組合せに応じて適切な荷重を設定したうえで，４－３の要求性能を満足するよう行わなければならないことが規定されている。

（２）設計の方法

（１）において，要求性能を満足するか否かの判断が必要となる。本来，要求性能を満足するか否かの判断基準を本基準において具体的に示すとともに，その評価方法を示すことが望ましいが，現時点では必ずしもそのようにはなっていない。このため，その判断は，理論的で妥当性を有する方法や実験等による検証がなされた方法，これまでの経験・実績から妥当とみなせる方法等，適切な知見に基づいて行うこととされている。ただし，複雑な地盤の性状を調査及び設計の段階で確実に把握し，施工中又は施工後の各道路土工構造物や地盤の挙動，対策の効果，周辺への影響等を正確に予測することは極めて困難である。このため，設計にあたっては，類似条件の施工実績，被災事例等に照らし合わせて，その方法の適用性を総合的な観点から判断することが必要である。

理論的で妥当性を有する方法や実験等による検証がなされた方法を採用する場合には，十分な試験施工等を行い，その結果を設計にフィードバックすることが重要である。

また，これまでの経験・実績から妥当とみなせる方法であると考えられる方法としては，切土や盛土の標準的なのり面勾配（以下「標準のり面勾配」という。）等があるが，これらの方法については一般に適用できる規模や材料等の条件が定められており，適用にあたってはこれらの条件に適合している必要がある。

特に近年は新しい技術の開発や経済性等を考慮し，高盛土をはじめとする規模の大きな道路土工構造物が建設されることもある。これらの設計にあたっては，これまでの経験・実績から妥当とみなせる方法を適用できるかどうかについて，その方法の内容，道路土工構造物の規模，使用する材料，施工及び維持管理といった事項を考慮したうえで慎重に判断し，必要に応じてより適切でより信頼性の高い設計手法を適用する。

また，補強土壁や分割型のアーチカルバートのように従来の道路土工構造物に比べて高度な設計技術が必要となる新しい形式の道路土工構造物が開発，導入される事例も増えてきている。これらの道路土工構造物については，構造が複雑であり，従来の道路土工構造物とは異なる形態の損傷が発生している事例もある。このような新しい形式の道路土工構造物において，既往の適用事例や類似する形式の構造物の損傷事例等から従来の道路土工構造物では想定していないような破壊形態が懸念される場合には，従来と異なる破壊形態に関しても照査を行う必要がある。

（３）設計の前提条件

道路土工構造物の安全性及び耐久性は，設計のみならず施工の良し悪し及び維持管理の程度に大きく依存する。このため，設計にあたっては設計で前提とする施工及び施工管理の条件を定めるとともに，維持管理の方法を考慮する必要がある。

例えば，盛土の設計においては，要求性能を確保する観点から使用する材料や締固め度等の施工における具体的な条件を明示するとともに，その盛土に対して供用中にどのような手段や頻度で点検を行うか，地震等による被災時にどのような手段で調査を行うのかなどを考慮する必要がある。

近年は（2）で述べたように従来の道路土工構造物に比べて規模が大きい又は構造が複雑な新しい形式の道路土工構造物が開発されている。このような道路土工構造物では，従来一般的に行われてきた方法での維持管理が困難な場合や，万一損傷が発生した際に短期間で復旧することが難しい場合もある。このため，設計において各道路土工構造物の構造特性に合致した施工の条件を定めるとともに，各道路土工構造物の構造特性に合致した維持管理の方法を考慮する必要がある。

4－2　作　　用

道路土工構造物の設計にあたっては，次の作用を考慮することを基本とする。

（1）常時の作用

常に道路土工構造物に影響する作用をいう。

（2）降雨の作用

地域の降雨特性，道路土工構造物の立地条件等を勘案し，供用期間中に通常想定される降雨に基づく作用をいう。

（3）地震動の作用

次に示すレベル１地震動及びレベル２地震動の２種類の地震動による作用をいう。

1）レベル１地震動

供用期間中に発生する確率が高い地震動

2）レベル２地震動

供用期間中に発生する確率は低いが大きな強度をもつ地震動

（4）その他の作用

道路土工構造物の設計にあたっては，常時，降雨及び地震動の作用を考慮することを基本とし，構造物の特性，設置箇所等の諸条件により適宜必要な作用を追加する必要がある。

（1）常時の作用

常時の作用としては，死荷重，活荷重等，常に道路土工構造物に作用すると想定される作用を考慮する必要がある。

（2）降雨の作用

降雨の作用としては，供用期間中に通常想定される降雨に基づく作用を考慮する必要がある。降雨の作用は，雨水や湧水等をすみやかに排除するための道路土工構造物における表面排水施設，地下排水施設の設計等で考慮する必要がある。これらの設計においては，地域の降雨特性，道路土工構造物の立地条件，路線の重要性，事前通行規制との併用等を考慮し，近傍のテレメーターの雨量値等当該地域における雨量履歴等を参考に適切に降雨の作用を設定する必要がある。

路面や小規模なのり面等の一般的な表面排水施設では，供用期間中に通常経験する降雨として確率年が3年程度の降雨強度を設定するのがよい。長大なのり面等から流出する水を排除する道路横断排水施設，平坦な都市部で内水排除が重要な場所の道路横断排水施設等，重要な排水施設においては，計画交通量に応じて確率年が5～10年程度の降雨強度を設定するのがよい。また，道路管理上，構造上重要性の高い沢部の盛土等の道路横断排水施設については30年程度とするのがよい。なお，地下排水施設については通常，地下水浸透量の定量的な予測が難しいため，既往の実績や現地状況の調査結果から十分と思われる排水能力を持つよう配慮する必要がある。

表面排水施設の計画基準の目安として，道路区分による選定基準を**解表4－1**に，**解表4－1**により選定される区分に応じた排水施設別の採用確率年の標準を**解表4－2**に示す。

解表４－１　道路区分による選定基準（参考）

計画交通量（台/日）＼道路の種別	高速自動車国道及び自動車専用道路	一般国道	都道府県道	市町村道
10,000 以上	A	A	A	A
10,000～4,000	A	A，B	A，B	A，B
4,000～　500	A，B	B	B	B，C
500 未満	—	—	C	C

注）う回路のない道路については，その道路の重要性等を考慮して，区分を１ランク上げてもよい。

解表４－２　排水施設別採用降雨確率年の標準（参考）

分　類	排水能力の高さ	降雨確率年	
		（イ）	（ロ）
A	高　い	3　年	10 年以上（ハ）
B	一 般 的		7　年
C	低　い		5　年

注）（イ）は路面，小規模なのり面等の一般の道路排水施設に適用する。
（ロ）は長大なのり面等から流出する水を排除する道路横断排水施設，平坦な都市部で内水排除が重要な場所の道路横断排水施設等，重要な排水施設に適用する。
（ハ）道路管理上，構造上重要性の高い沢部の盛土等の道路横断排水施設については30 年程度とするのがよい。

（３）地震動の作用

地震動の作用としては，レベル１地震動及びレベル２地震動の２種類の地震動を考慮する必要がある。ここで，レベル１地震動としては，生じる可能性の比較的高い中程度の強度の地震動を想定している。レベル２地震動としては，発生頻度が低いプレート境界型の大規模な地震によるタイプⅠの地震動及び発生頻度が極めて低い内陸直下型地震によるタイプⅡの地震動の２種類を考慮する。タイプⅠ地震動は大きな振幅が長時間繰り返して作用する地震動であるのに対し，タイプⅡ地震動は継続時間は短いが極めて大きな強度を有する地震動であり，その地震動の特性が異なることから，両方の地震動を耐震設計で考慮する必要がある。

（4）その他の作用

その他の作用としては，風，雪，落石，斜面崩壊，岩盤崩壊，地すべり，土石流，コンクリートの乾燥収縮の影響，地盤変位の影響，洗掘，温度変化の影響，凍上，塩害，酸性土壌中での腐食や劣化の影響等があり，構造物の特性，設置箇所等の条件によって適切に選定し、考慮する必要がある。

4－3　要求性能

（1）道路土工構造物の設計に際して要求される性能（以下「要求性能」という。）は，（3）に示す重要度の区分に応じ，かつ，当該道路土工構造物に連続又は隣接する構造物等の要求性能・影響を考慮して，4－2の作用及びこれらの組合せに対して（2）から選定する。

（2）道路土工構造物の要求性能は，安全性，使用性及び修復性の観点から次のとおりとする。

性能1：道路土工構造物が健全である，又は，道路土工構造物は損傷するが，当該道路土工構造物の存する区間の道路としての機能に支障を及ぼさない性能

性能2：道路土工構造物の損傷が限定的なものにとどまり，当該道路土工構造物の存する区間の道路の機能の一部に支障を及ぼすが，すみやかに回復できる性能

性能3：道路土工構造物の損傷が，当該道路土工構造物の存する区間の道路の機能に支障を及ぼすが，当該支障が致命的なものとならない性能

（3）道路土工構造物の重要度の区分は，次のとおりとする。

重要度1：下記（ア），（イ）に示す道路土工構造物

（ア）下記に掲げる道路に存する道路土工構造物のうち，当該道路の機能への影響が著しいもの

・高速自動車国道，都市高速道路，指定都市高速道路，本州四国連絡高速道路及び一般国道

・都道府県道及び市町村道のうち，地域の防災計画上の位置づけや利用状況等に鑑みて，特に重要な道路

（イ）損傷すると隣接する施設に著しい影響を与える道路土工構造物

重要度２：（ア）及び（イ）以外の道路土工構造物

（１）道路土工構造物の要求性能の選定

要求性能は，４－２の作用及びこれらの組合せと（３）に示す道路土工構造物の重要度に応じて，安全性，使用性及び修復性の観点から（２）に示す性能より適切に選定する必要がある。さらに，選定にあたっては，橋梁に連続する盛土（橋台背面アプローチ部）等，当該道路土工構造物に連続又は隣接する構造物等がある場合はその要求性能を考慮することとされている。これは，道路を新設又は改築する際の設計における要求性能を明らかにするとともに，連続又は隣接する構造物等の性能を考慮することとしたものである。

例えば，地震時等において，橋梁の取付け部の盛土では橋梁と盛土の構造性能の違いにより両者の損傷状況に差が生じても，道路としての通行機能に影響を与えるような事象が発生しないよう，路線又は区間といった単位で橋梁等の他の構造物を含め，統一した性能で設計が行われることを意図している。

解図４－１はレベル２地震動に対する重要度１（一般国道又は主要地方道）の路線において，仮に各種の構造物が連続した場合に，橋梁が耐震性能２，各道路土工構造物がそれぞれ性能２というように連続する構造物の要求性能を考慮して選定したイメージを示したものである。

（２）道路土工構造物の要求性能

道路土工構造物の要求性能は，安全性，使用性及び修復性の観点から定義されている。

ここで安全性とは，想定する作用による道路土工構造物の崩壊によって道路交通等に致命的な影響を及ぼすことのないようにするための性能をいう。使用性とは，想定する作用による軽微な変形や損傷に対して道路土工構造物が本来有すべき通行機能，避難路や救助・救急・医療・消火活動・緊急物資の輸送路としての機能等を維持できる性能をいう。修復性とは，想定する作用によって

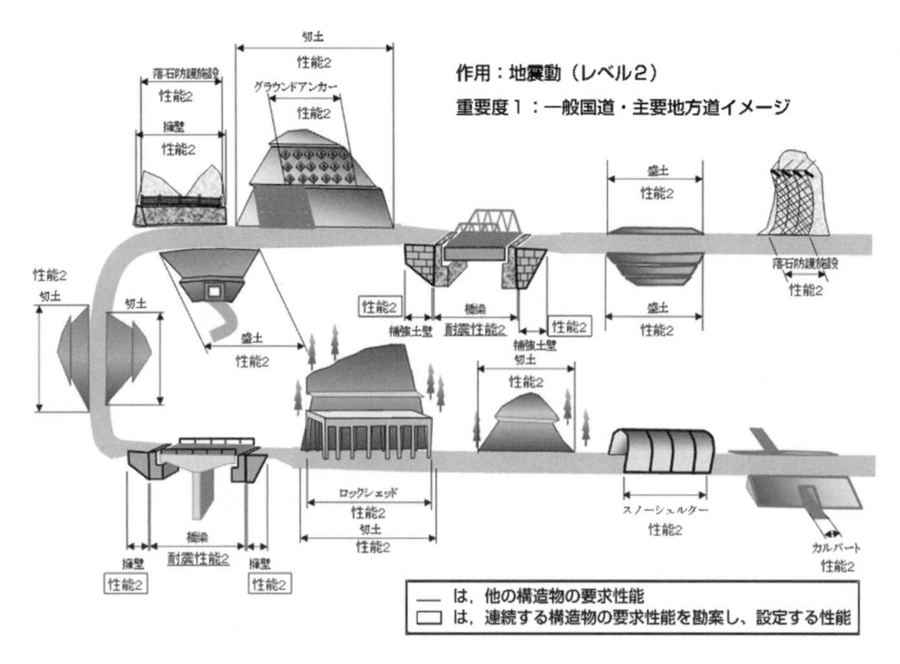

解図４－１　連続する構造物との要求性能の整合のイメージ

生じた損傷を容易に修復できる性能をいう。なお，ここで使用する「致命的な影響」とは，道路の通行機能等が長期間にわたり確保できない状況をいう。

道路土工構造物の要求性能は以下の３つに区分されている。

性能１は，道路土工構造物が健全である，又は，道路土工構造物は損傷するが，当該道路土工構造物の存する区間の道路としての機能に支障を及ぼさない性能と定義されており，安全性，使用性及び修復性のすべてを満たすものである。道路土工構造物の場合，長期的な沈下や変形，降雨や地震動の作用により軽微な変形が生じることがある。このため性能１は，道路土工構造物が通常の維持管理程度の補修により，道路としての通行機能を確保できることを意図している。

性能２は，道路土工構造物の損傷が限定的なものにとどまり，当該道路土工構造物の存する区間の道路の機能の一部に支障を及ぼすが，すみやかに回復できる性能と定義されている。性能２は安全性及び修復性を満たすものであり，道路土工構造物が応急復旧程度の作業によりすみやかに補修され，道路としての通行機能が回復できることを意図している。なお，すみやかな補修を行うためには，道路土工構造物に損傷が生じた場合に損傷箇所が点検しやすいこと，損傷箇所を修復しやすいこと等が必要であることに留意する必要がある。

性能３は，道路土工構造物の損傷が，当該道路土工構造物の存する区間の道路の機能に支障を及ぼすが，当該支障が致命的なものとならない性能と定義されている。性能３は使用性及び修復性は満足できないが，安全性を満たすものであり，道路土工構造物の大規模な崩壊によって道路交通等に致命的な影響を与えないことを意図している。

道路土工構造物は多種多様であり，その設置目的，設置位置，規模等の現地条件もさまざまであることから，それぞれの道路土工構造物が損傷した場合に道路としての通行機能に与える影響も，構造物の種類，設置目的，現地条件等により大きく異なる。このため，道路土工構造物の要求性能は，当該道路土工構造物の損傷の程度ではなく，通常の自然的・外部的条件のもとで発生する災害等に対して，道路としての通行機能にどの程度の支障を及ぼすのか，現地条件や道路管理者の管理体制，復旧体制等を考慮してどの程度でその通行機能を修復ができるかという尺度で定める必要がある。要求性能の設定にあたっては，**解図４－２**に示すように個々の道路土工構造物について，想定する作用に対する道路土工構造物の損傷と道路の機能への支障の程度，修復のしやすさ等が異なることを考慮する必要がある。**解図４－２**はその設定作業をイメージしたものであるが，道路土工構造物の損傷と性能の関係を一義的に表したものではない。

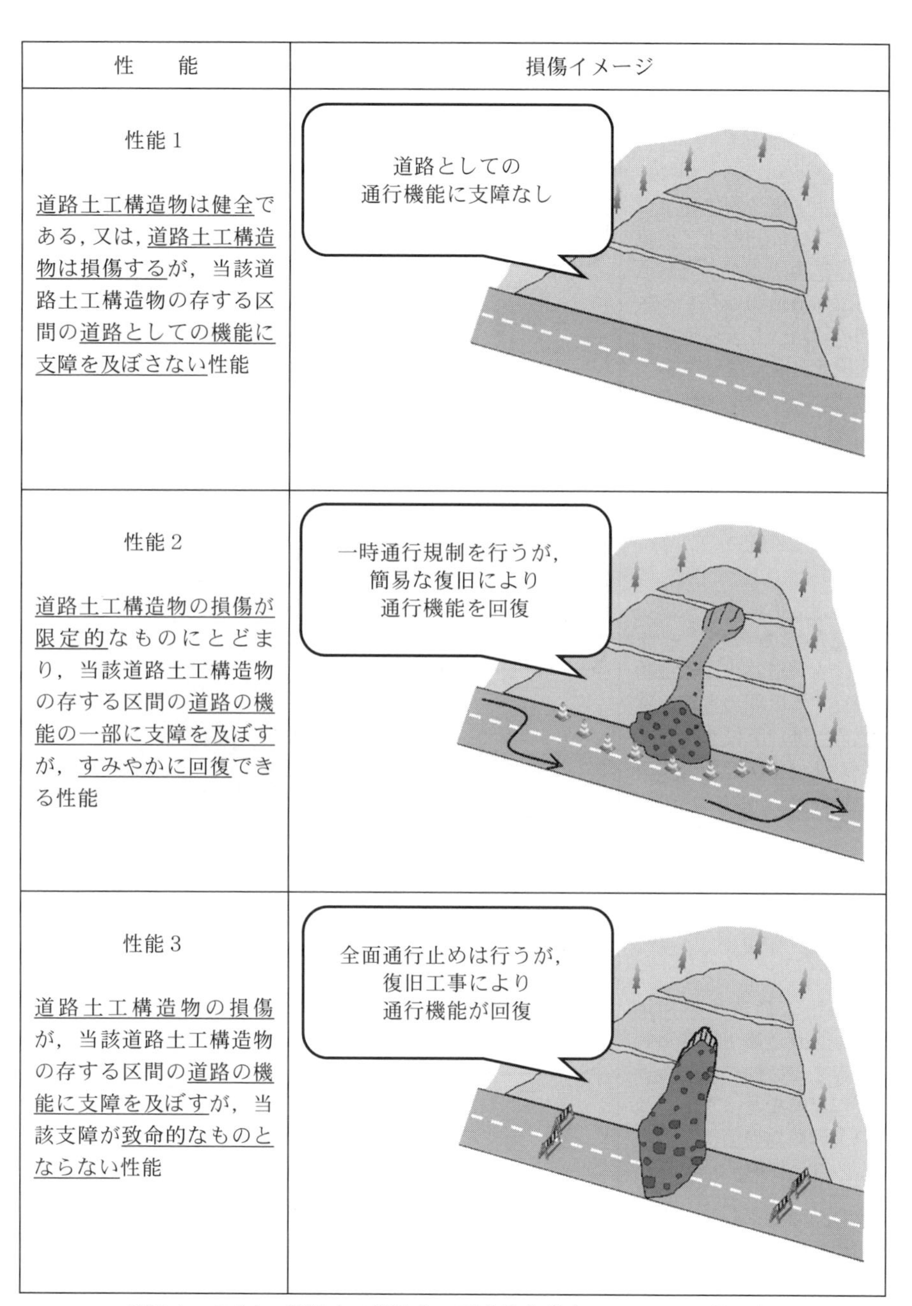

性　　能	損傷イメージ
性能 1 道路土工構造物は健全である，又は，道路土工構造物は損傷するが，当該道路土工構造物の存する区間の道路としての機能に支障を及ぼさない性能	
性能 2 道路土工構造物の損傷が限定的なものにとどまり，当該道路土工構造物の存する区間の道路の機能の一部に支障を及ぼすが，すみやかに回復できる性能	
性能 3 道路土工構造物の損傷が，当該道路土工構造物の存する区間の道路の機能に支障を及ぼすが，当該支障が致命的なものとならない性能	

解図 4 − 2 (a)　道路土工構造物の要求性能設定のイメージ（切土）

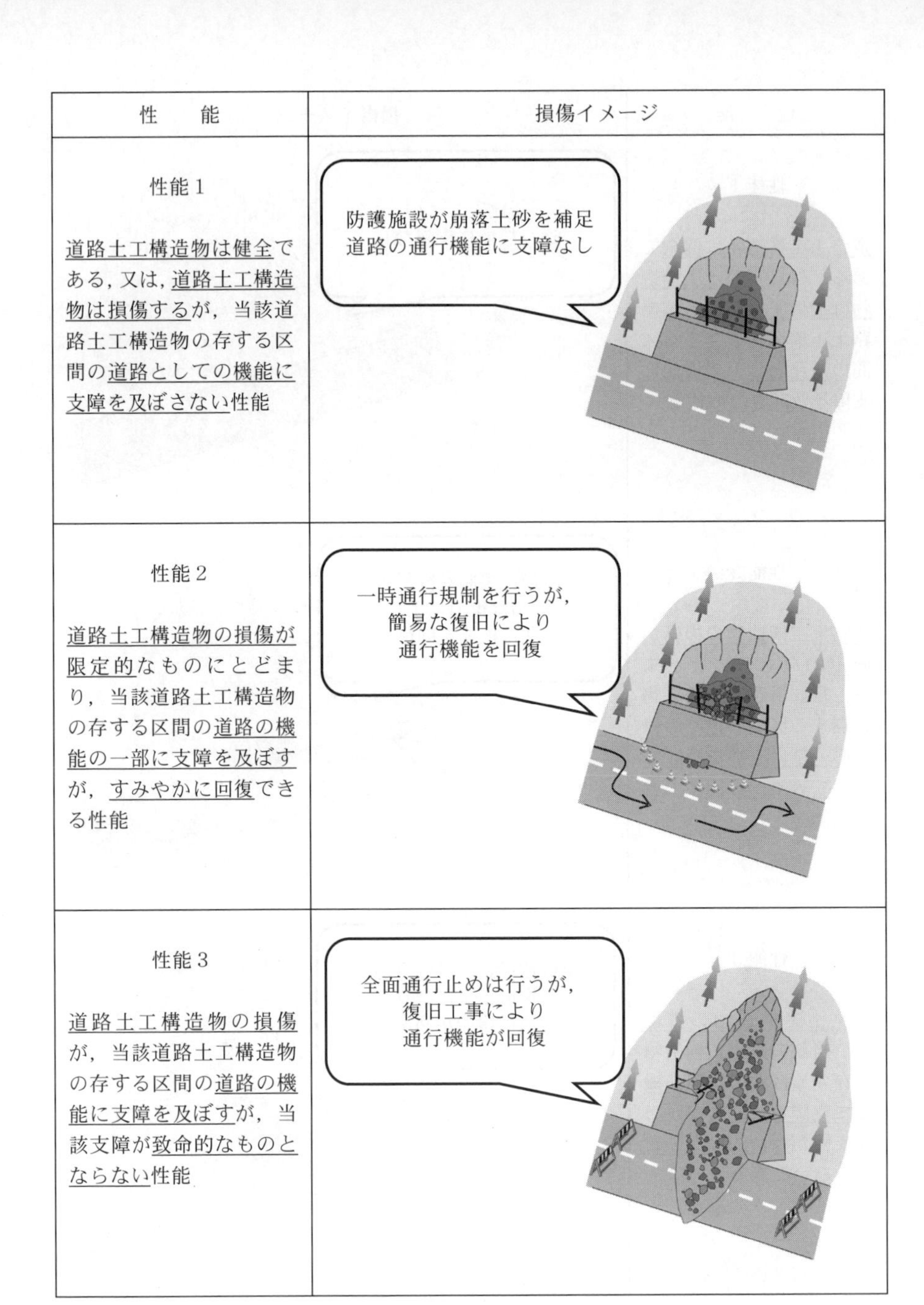

性　　能	損傷イメージ
性能 1 道路土工構造物は健全である，又は，道路土工構造物は損傷するが，当該道路土工構造物の存する区間の道路としての機能に支障を及ぼさない性能	防護施設が崩落土砂を補足 道路の通行機能に支障なし
性能 2 道路土工構造物の損傷が限定的なものにとどまり，当該道路土工構造物の存する区間の道路の機能の一部に支障を及ぼすが，すみやかに回復できる性能	一時通行規制を行うが， 簡易な復旧により 通行機能を回復
性能 3 道路土工構造物の損傷が，当該道路土工構造物の存する区間の道路の機能に支障を及ぼすが，当該支障が致命的なものとならない性能	全面通行止めは行うが， 復旧工事により 通行機能が回復

解図 4 ― 2 (b)　道路土工構造物の要求性能設定のイメージ（斜面安定施設）

性　　能	損傷イメージ
性能１ 道路土工構造物は健全である，又は，道路土工構造物は損傷するが，当該道路土工構造物の存する区間の道路としての機能に支障を及ぼさない性能	
性能２ 道路土工構造物の損傷が限定的なものにとどまり，当該道路土工構造物の存する区間の道路の機能の一部に支障を及ぼすが，すみやかに回復できる性能	
性能３ 道路土工構造物の損傷が，当該道路土工構造物の存する区間の道路の機能に支障を及ぼすが，当該支障が致命的なものとならない性能	

解図４－２(c)　道路土工構造物の要求性能設定のイメージ
（斜面安定施設（ロックシェッド・スノーシェッド））

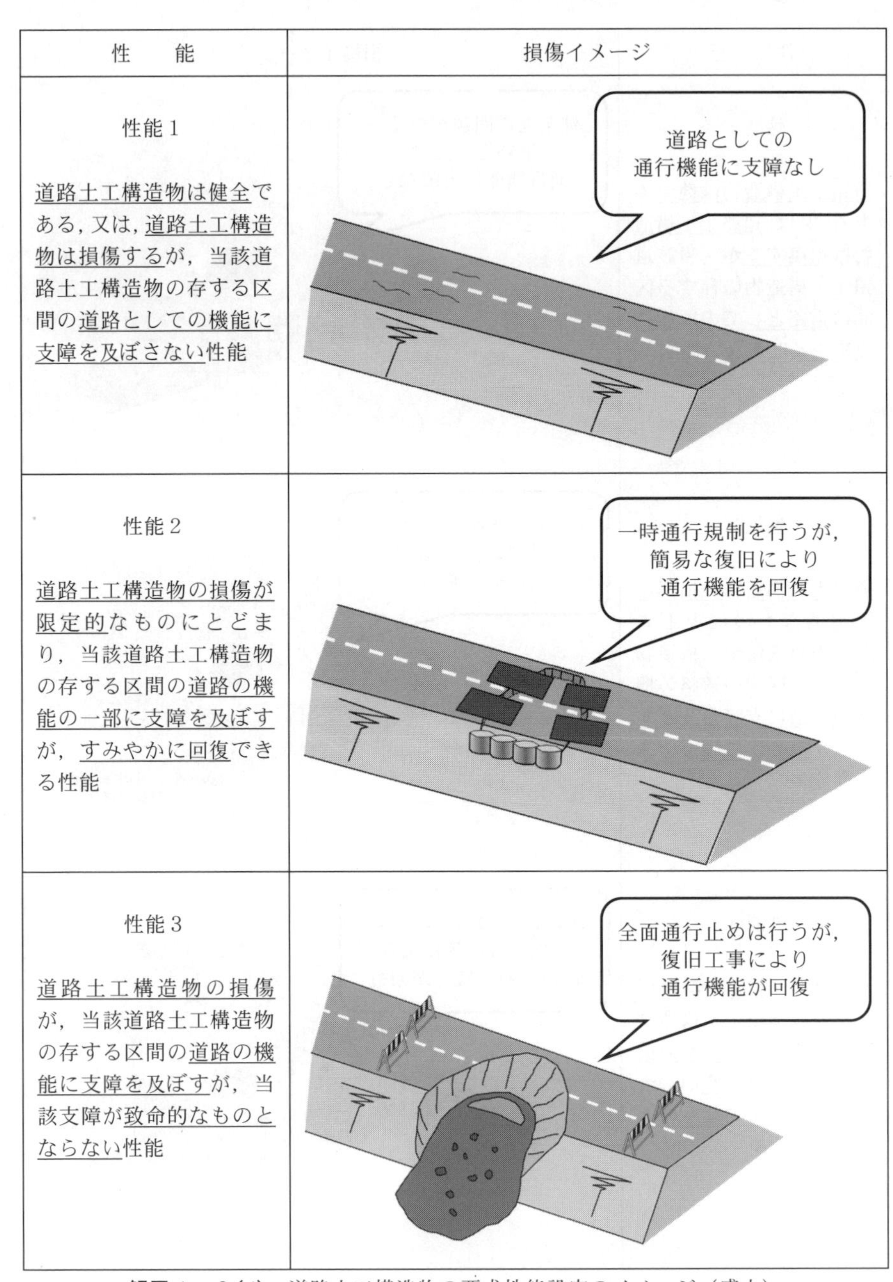

性　能	損傷イメージ
性能１ 道路土工構造物は健全である，又は，道路土工構造物は損傷するが，当該道路土工構造物の存する区間の道路としての機能に支障を及ぼさない性能	道路としての 通行機能に支障なし
性能２ 道路土工構造物の損傷が限定的なものにとどまり，当該道路土工構造物の存する区間の道路の機能の一部に支障を及ぼすが，すみやかに回復できる性能	一時通行規制を行うが， 簡易な復旧により 通行機能を回復
性能３ 道路土工構造物の損傷が，当該道路土工構造物の存する区間の道路の機能に支障を及ぼすが，当該支障が致命的なものとならない性能	全面通行止めは行うが， 復旧工事により 通行機能が回復

解図４－２(d)　道路土工構造物の要求性能設定のイメージ（盛土）

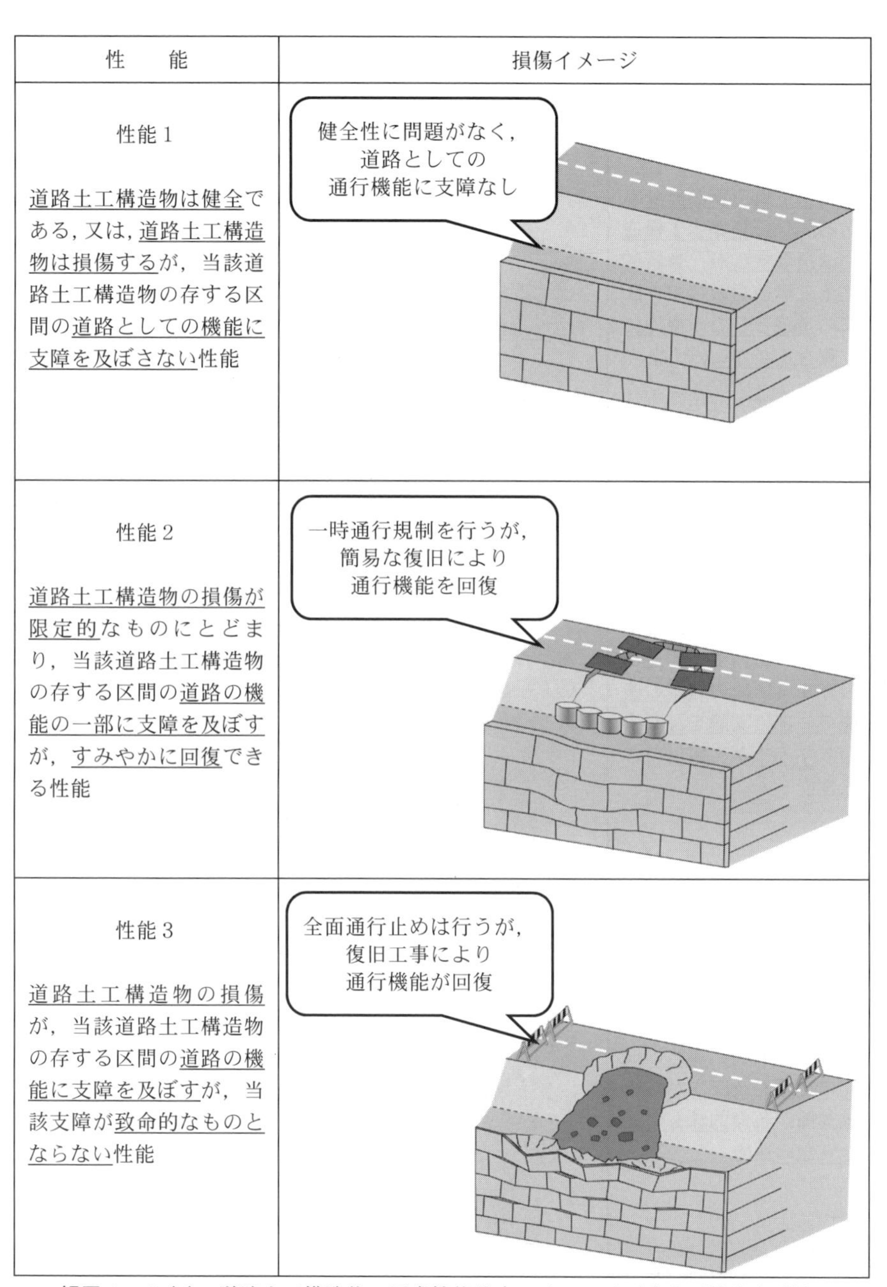

性　能	損傷イメージ
性能 1 道路土工構造物は健全である，又は，道路土工構造物は損傷するが，当該道路土工構造物の存する区間の道路としての機能に支障を及ぼさない性能	健全性に問題がなく， 道路としての 通行機能に支障なし
性能 2 道路土工構造物の損傷が限定的なものにとどまり，当該道路土工構造物の存する区間の道路の機能の一部に支障を及ぼすが，すみやかに回復できる性能	一時通行規制を行うが， 簡易な復旧により 通行機能を回復
性能 3 道路土工構造物の損傷が，当該道路土工構造物の存する区間の道路の機能に支障を及ぼすが，当該支障が致命的なものとならない性能	全面通行止めは行うが， 復旧工事により 通行機能が回復

解図 4 — 2 (e)　道路土工構造物の要求性能設定のイメージ（盛土（補強土壁））

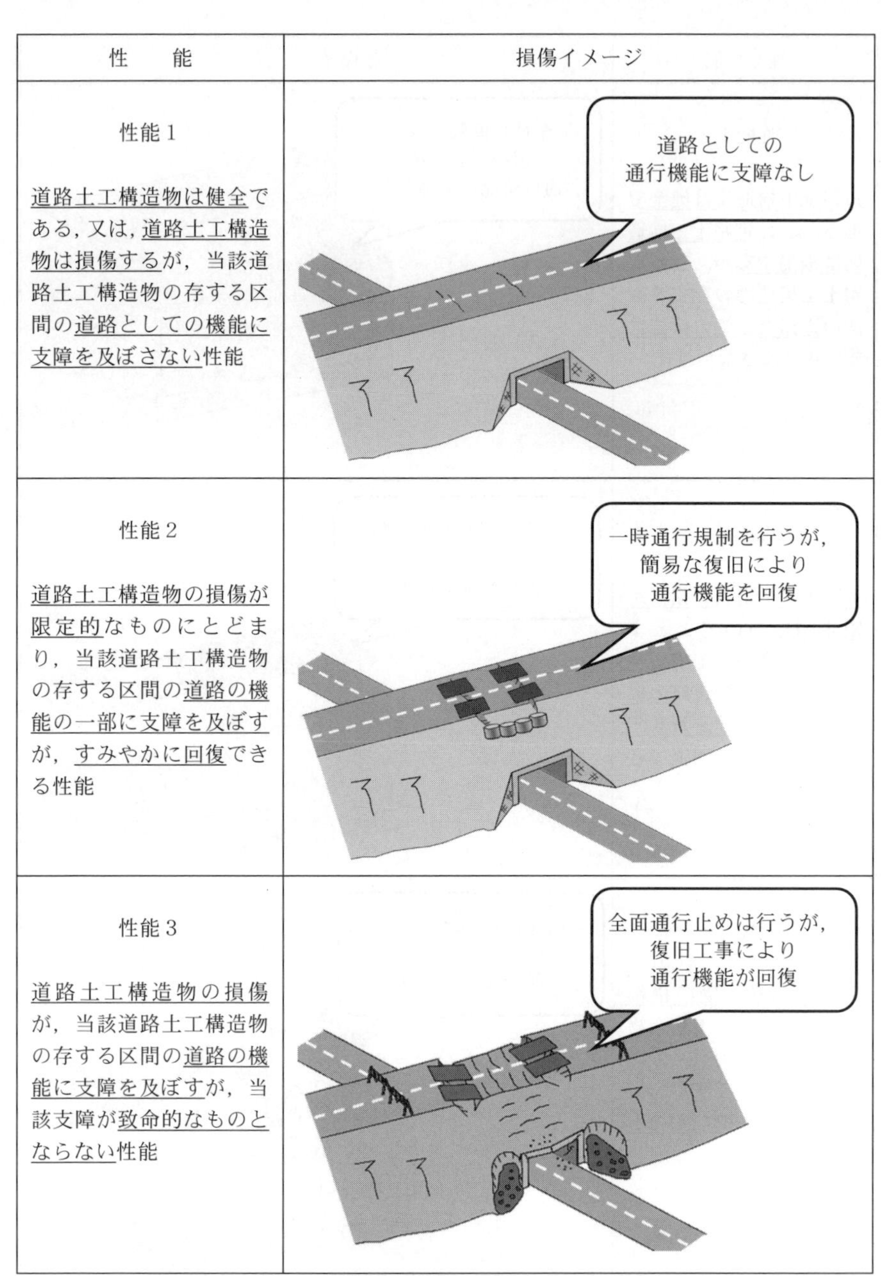

性　能	損傷イメージ
性能１ 道路土工構造物は健全である，又は，道路土工構造物は損傷するが，当該道路土工構造物の存する区間の道路としての機能に支障を及ぼさない性能	道路としての 通行機能に支障なし
性能２ 道路土工構造物の損傷が限定的なものにとどまり，当該道路土工構造物の存する区間の道路の機能の一部に支障を及ぼすが，すみやかに回復できる性能	一時通行規制を行うが， 簡易な復旧により 通行機能を回復
性能３ 道路土工構造物の損傷が，当該道路土工構造物の存する区間の道路の機能に支障を及ぼすが，当該支障が致命的なものとならない性能	全面通行止めは行うが， 復旧工事により 通行機能が回復

解図４－２(f)　道路土工構造物の要求性能設定のイメージ
（カルバート（上部道路））

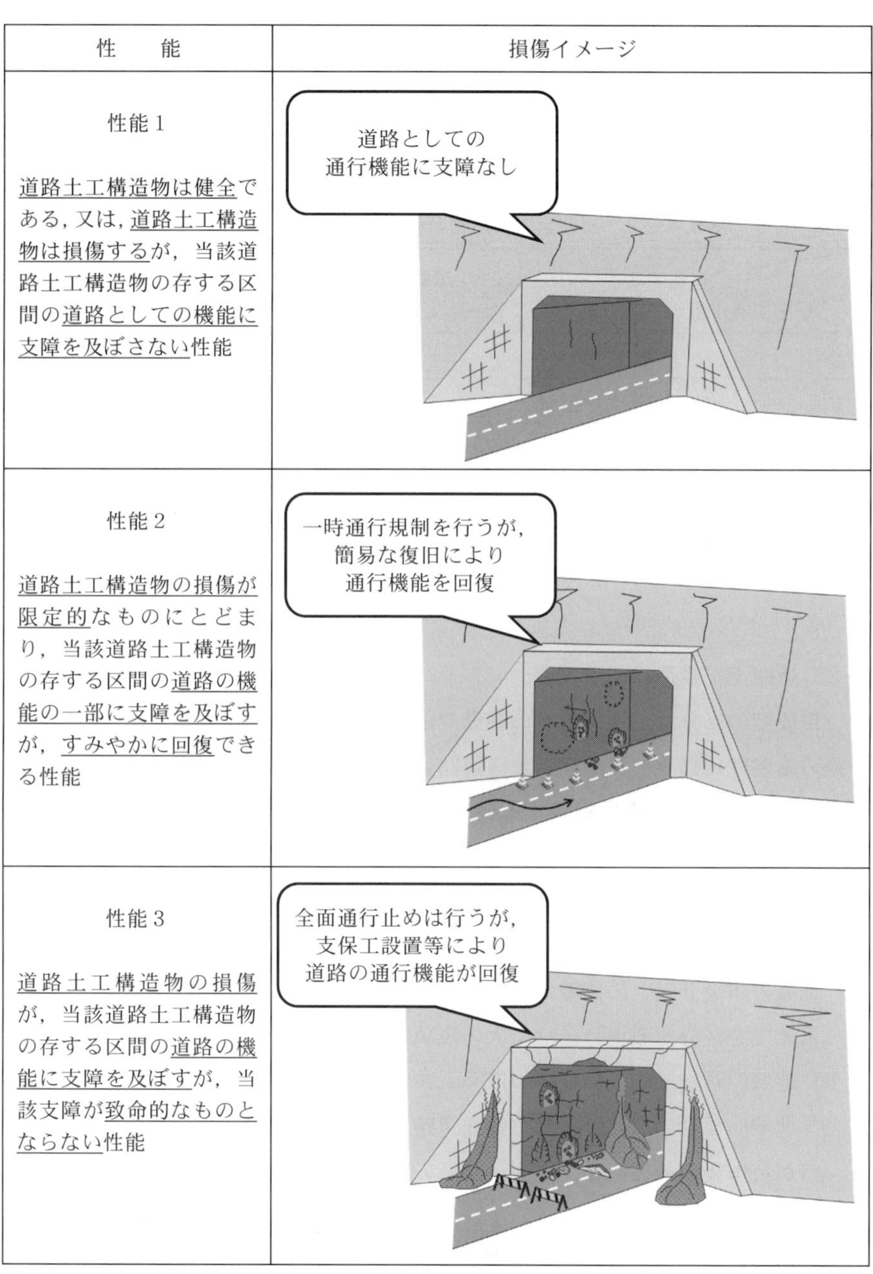

性　　能	損傷イメージ
性能 1 道路土工構造物は健全である，又は，道路土工構造物は損傷するが，当該道路土工構造物の存する区間の道路としての機能に支障を及ぼさない性能	道路としての 通行機能に支障なし
性能 2 道路土工構造物の損傷が限定的なものにとどまり，当該道路土工構造物の存する区間の道路の機能の一部に支障を及ぼすが，すみやかに回復できる性能	一時通行規制を行うが， 簡易な復旧により 通行機能を回復
性能 3 道路土工構造物の損傷が，当該道路土工構造物の存する区間の道路の機能に支障を及ぼすが，当該支障が致命的なものとならない性能	全面通行止めは行うが， 支保工設置等により 道路の通行機能が回復

解図 4 － 2 (g)　道路土工構造物の要求性能設定のイメージ
（カルバート（内空道路））

道路土工構造物の作用と要求性能の組合せを**解表4－3**に例として示す。**解表4－3**の要求性能は，従来から道路土工指針において例示されているもので，一般的な道路土工構造物ではこれが採用されることが多い。

解表4－3　道路土工構造物の作用と要求性能の組合せの例

想定する作用＼重要度		重要度1	重要度2
常時の作用		性能1	性能1
降雨の作用※		性能1	性能1
地震動の作用	レベル1地震動	性能1	性能2
	レベル2地震動	性能2	性能3

※本表における降雨の作用は，4－2（2）に示した供用期間中に通常想定される降雨である。

（3）道路土工構造物の重要度

重要度の区分は，地震時等の初動対応において道路が担う輸送路としての役割の重要性に鑑み，道路種別と，道路土工構造物が損傷した場合の道路としての通行機能への影響や隣接する施設に及ぼす影響等の重要性を勘案して設定されている。なお，道路土工構造物が損傷した場合，道路としての通行機能への影響や隣接する施設に及ぼす影響は，道路土工構造物の位置や規模等の設置条件によって異なることに留意する必要がある。

地域の防災計画上の位置づけ，他の構造物や施設への影響度，利用状況等から重要度を区分する場合には，次の事項を考慮するのがよい。

1）地域の防災計画上の位置づけ

地域防災計画における緊急輸送道路等，道路土工構造物の存する区間の道路が災害後の救援活動，復旧活動等の緊急輸送を確保するために必要とされる度合い

2）他の構造物や施設への影響度

道路土工構造物が被害を受けたとき，その損傷が他の構造物や隣接する施

設等に影響を及ぼす度合い

3）利用状況及び代替性の有無

交通量等の利用状況や，道路土工構造物が損傷し当該区間の道路が通行機能を失ったとき直ちに他の道路等によってそれまでの機能を維持できるような代替性の有無

4）機能回復の難易度

道路土工構造物が被害を受けた後に，その機能回復に要する時間等

4－4　各道路土工構造物の設計

各道路土工構造物の設計は，4－1～4－3によるほか，次に従って行うものとする。

4－1～4－3の各節では，道路土工構造物の設計にあたって，道路土工構造物全体に共通して実施すべき事項が規定されている。4－4では，切土・斜面安定施設，盛土及びカルバートのそれぞれについて，4－1～4－3の各節とともに実施すべき事項が規定されている。

本解説においては，本基準に示されている事項に関する解説の前提として，各道路土工構造物の設計の考え方を明確にするために，設計における照査の一般的な考え方についても記載している。

本基準の4－1（2）では，道路土工構造物の設計に関して，以下のように規定されている。

「道路土工構造物の設計は，理論的で妥当性を有する方法や実験等による検証がなされた方法，これまでの経験・実績から妥当とみなせる方法等，適切な知見に基づいて行うものとする。」

これは，従来の道路土工要綱の2－4（2）における次の記述と同一の主旨となっている。

「設計は，論理的な妥当性を有する方法や実験等による検証がなされた手法，これまでの経験・実績から妥当と見なせる手法等，適切な知見に基づいて行うものとする。」

したがって，従来の道路土工指針に記載された手法は，その適用範囲内において本基準制定後も変わらず適用が可能であると考えられる。このことから，各道路土工構造物の設計にあたっては，本基準を原則とし，併せて道路土工指針を参考とするとよい。

本基準における設計では性能規定の考えを基本とし，道路土工構造物に要求される事項を満足する範囲で，これまでにない材料，構造，解析手法等を採用することができる。しかし，道路土工構造物の安定性を調査，試験及び工学的計算の結果に基づいて定量的に評価し得る場合は多くなく，既往の経験・実績等に照らして総合的に判断しなければならないことが多い。このため，道路土工構造物の設計では個々の道路土工構造物の特性に応じた経験的技術が重視されてきた。盛土や切土の標準のり面勾配はその一例である。これは，所定の適用範囲のもとで，かつ適切な排水施設の設置と適切な施工等を前提に，我が国の自然環境のもとで交通に大きな支障となる被害が避けられる構造をこれまでの実績に照らして設定されたものである。したがって，降雨，地震等の作用についても，通常の自然的・外部的条件の範囲内において考慮されているものと考えることができる。このような経験的技術はこれまでどおり適用が可能であると考えられる。

しかしながら，近年は設計及び施工技術の進展に伴って，道路土工構造物は，従来の適用範囲を超える規模の高い盛土及び長大切土が構築されたり，規模の大きな補強土壁，カルバート等が道路下に建設されたりすることも増えている。また，重要な諸施設が近接する場合にもこのような道路土工構造物が設置されるなど，その適用が拡大している。こうした新しい技術の適用や従来の適用範囲を超えた道路土工構造物の新設又は改築にあたっては，①構造物の特性に応じてより適切で信頼性の高い解析手法を適用する，②解析に用いるパラメータは調査に基づいて材料の性状や調査の特性を把握したうえで吟味して設定する，③ＩＣＴ（Information and Communication Technology）を用いた情報化施工等の適用により施工中の変形挙動等を確認することを検討する，といった対応が必要となる。

道路土工構造物の設計においては，土中の水の排除が重要である。実際に近年になっても道路土工構造物に関連する災害の多くは，規模を問わず水に関連するものの割合が高い。第３章で述べたようにリサイクルの観点から多少の不良土であっても建設発生土を利用するケースが多くなっているなど，従来に比べると道路土工構造物に透水性の悪い土質材料を使用することが多くなっている。

道路土工構造物の新設又は改築において，排水施設の重要度は増大していると考えられることから，4－4－1～4－4－3の各項において，排水施設の設計に関する項目を特に定めている。

4－4－1 切土・斜面安定施設

（1）常時の作用として，少なくとも死荷重の作用を考慮する。

（2）斜面安定施設については，（1）のほか，斜面安定施設の設置目的に応じて斜面崩壊，落石・岩盤崩壊，地すべり又は土石流による影響を考慮する。

（3）切土のり面は，のり面の侵食や崩壊を防止する構造となるよう設計する。

（4）切土は，雨水や湧水等を速やかに排除する構造となるよう設計する。

（5）斜面安定施設は，雨水や湧水等を速やかに排除する構造となるよう設計する。

（1）切土・斜面安定施設の設計における照査の基本的な考え方

1）切土・斜面安定施設の設計の考え方

4－3において道路土工構造物の要求性能が示されており，切土・斜面安定施設の設計にあたっては，原則として要求性能に対して切土・斜面安定施設の限界状態を設定し，想定する作用に対する切土・斜面安定施設の状態が限界状態を超えないことを照査することが基本となる。ただし，既往の経験・実績や近隣又は類似地質・土質条件の切土・斜面安定施設の施工実績・災害事例等から要求性能を満足すると考えられる仕様等については，仕様等を決めるもととなった既往の経験・実績の範囲から決まる適用範囲においてはこれを活用してよい。ただし，適用範囲を外れる場合や，既往の事例から想定する各作用により変状が想定されるような条件の場合においては，十分に調査して工学的計算を行う，あるいは施工時に動態観測等を行いその状況に応じて設計や施工方法を変更するなどの配慮を行うのが現実的である。なお，例えば擁壁のように照査方法が確立されている斜面安定施設についてはそれに従う。

地山は所定の材料によって構成される構造物に比べてより大きな不均質性を有することから，切土・斜面安定施設については理論的な設計計算による照査が難しい場合が多い。そのため，その設計にあたっては，地質・土質調査，周辺の地形・地質条件，過去の災害履歴及び同種のり面の実態等の調査並びに技術的経験等に基づき総合的な検討を行う必要がある。さらに，施工段階の地山条件等の確認・記録を行うとともに，供用中の点検等により変状の有無を確認し，変状が見られる場合にはその原因を究明し，要求性能を満足できるよう適切に補強等を行うことを基本とする。

2）想定する作用と荷重

切土・斜面安定施設の設計にあたって想定する作用には，常時の作用，降雨の作用，地震動の作用及びその他の作用がある。その他の作用については，切土・斜面安定施設の目的，設置条件，施設の種類等によって凍上、塩害の影響、落石・岩盤崩壊等の作用を考慮する必要がある。

切土・斜面安定施設の設計にあたっては，以下の荷重から想定する作用，切土・斜面安定施設の設置地点の諸条件，形式等によって適切に選定する必要がある。

ｉ）死荷重

地山やのり面保護施設の単位体積重量を適切に評価して設定する必要がある。切土の地山の場合，死荷重に相当するものは地山自体の自重である。

ⅱ）土圧

設置目的，設置条件に応じて背面土圧や崩壊した土砂，落石，岩盤，土石流等の堆積の影響による土圧を考慮する必要がある。その考え方については５）で示す。

ⅲ）水圧

水圧は，地盤条件や地下水位の変動等を考慮して適切に設定する必要がある。

iv）降雨の影響

降雨による表流水及び地山への浸透水の影響を考慮するものとし，それらを設定するための降雨強度は地域の降雨特性，切土・斜面安定施設の特性，照査項目等を考慮して適切に設定する必要がある。なお，地山への浸透水は地下水及び湧水に影響を及ぼすが，事前に把握することは難しいことが多いため，その場合は施工時又はその後の点検の状況に応じて，施工方法や構造の変更等により対応する必要がある。

v）地震の影響

地震の影響には，地山や斜面安定施設の振動応答に起因する慣性力（以下「慣性力」という。），地震時土圧等があり，切土・斜面安定施設の特性，照査項目等を考慮して適切に設定する必要がある。

vi）その他

斜面安定施設においては，その設置目的に応じて，対象とする崩壊等の影響を考慮する必要がある。落石・岩盤崩壊対策施設では落石ないし岩盤崩壊による衝撃力を考慮する必要がある。土石流対策施設では，土石流の流体力を考慮する必要がある。その他に，雪荷重，風荷重，温度変化の影響等を必要に応じ，適切に考慮する必要がある。

荷重の組合せは，同時に作用する可能性が高い荷重の組合せのうち，最も不利となる条件を考慮して設定し，想定する範囲内で切土・斜面安定施設に最も不利となるように作用させる。

3）切土・斜面安定施設の限界状態と照査の考え方

i）照査の基本的な考え方

切土・斜面安定施設の設計にあたっては，要求性能に応じた切土・斜面安定施設の限界状態を設定し，想定する作用によって生じる切土・斜面安定施設の状態が限界状態を超えないことを照査する必要がある。

ii）限界状態

①　性能１に対する切土・斜面安定施設の限界状態

性能１に対する切土・斜面安定施設の限界状態は，切土・斜面安定施設が健全である，又は，切土・斜面安定施設は損傷するが，当該切土・

斜面安定施設の存する区間の道路としての機能に支障を及ぼさない範囲内で適切に定める必要がある。降雨，地震動，自然斜面からの崩壊等の作用による切土・斜面安定施設の変状を完全に防止することは現実的ではない。このため，性能１に対する切土・斜面安定施設の限界状態は，道路の安全性，使用性及び修復性をすべて満足する観点から，切土・斜面安定施設に軽微な変状が生じた場合でも，平常時においての点検及び補修，また地震時等においての緊急点検及び緊急措置により，道路としての機能を確保できる限界の状態として設定すればよい。

② 性能２に対する切土・斜面安定施設の限界状態

性能２に対する切土・斜面安定施設の限界状態は，切土・斜面安定施設の損傷が限定的なものにとどまり，当該切土・斜面安定施設の存する区間の道路の機能の一部に支障を及ぼすが，すみやかに回復できる範囲内で適切に定める必要がある。このため、性能２に対する切土・斜面安定施設の限界状態は，道路の安全性及び修復性を満足する観点から，切土・斜面安定施設に損傷が生じ，通行止め等の措置を要する場合でも，応急復旧等により道路の機能を回復できる限界の状態として設定すればよい。

③ 性能３に対する切土・斜面安定施設の限界状態

性能３に対する切土・斜面安定施設の限界状態は，切土・斜面安定施設の損傷が，当該切土・斜面安定施設の存する区間の道路の機能に支障を及ぼすが，当該支障が致命的なものとならない範囲内で適切に定める必要がある。このため，性能３に対する切土・斜面安定施設の限界状態は，道路の使用性及び修復性は失われても，安全性を満足する観点から，切土・斜面安定施設が対象とする斜面等の大規模な崩壊によって道路自体が失われたり，隣接する施設等への甚大な影響が生じたりするのを防止できる限界の状態として設定すればよい。

なお，各限界状態に対応した変形量等の許容値は切土・斜面安定施設の立地条件や特性等によって異なるため，切土・斜面安定施設の構造形状，想定される被災パターンと修復の難易，立地条件と周辺への影響，道路の社会的役割等を総合的に勘案して定めるのがよい。既往の経験・実績に基づく仕様等を適用する場合には，変形量による照査を行わないのが一般的であるが，不安定な切土のり面の場合には動態観測等により，変形量の許容値を設定し対策を行うことも考えられる。

ⅲ）照査方法

照査は，切土・斜面安定施設の形式，想定する作用，限界状態に応じて適切な方法に基づいて行う。この際，切土・斜面安定施設の設計を，既往の経験・実績に基づく仕様等の適用又は工学的計算による切土・斜面の安定性の照査のいずれで行うかは，対策方法における工学的な原理，構造形式，切土・斜面の地盤条件等により判断する。なお，地震動の作用に対しては，斜面安定施設のうち，大規模な待ち受け擁壁やロックシェッド等の規模が大きい防護施設については，地震動の作用に対する照査を行う。一方，これまでの実績から降雨等に対する対策がある程度地震対策としても効果があると考えられる施設，また，地震動よりも崩土等の衝撃力等が支配的となるような防護施設では，一般に地震動の作用に対する照査を省略してもよい。

4）照査における既往の経験・実績の適用

ⅰ）切土のり面

切土に必要な性能が確保できると考えられる仕様の一つとして，「道路土工－切土工・斜面安定工指針」に示す，標準的なのり面勾配（以下「標準のり面勾配」という。）がある。標準のり面勾配は，既往の数多くの施工実績や経験に基づき，地山の地質・土質及び切土高に応じて定められている（**解表４－４**）。標準のり面勾配は，地山に特に問題がないと判断される場合に適用できる。この場合，地質・土質調査，周辺の地形・地質条件，過去の災害履歴及び同種のり面の実態等の調査並びに技術的経験等に基づき総合的な検討を行い，のり面勾配と必要なのり面保護施設を計画する必要がある。このような仕様の適用条件を満足しその適用範囲内で設計され，かつ条文（３），（４）の規定を満足する切土は，施工時の地山の状況の確認，供用中の変状の有無の確認及び変状が生じた場合の補修，補強が行われることを前提に，**解表4－3**に例示した重要度1の要求性能を満足すると考えてよい。

ただし，標準のり面勾配は，例えば次に示す条件の場合には適用できないことがあるため，必要に応じて，要求性能に対する照査を行うほか，のり面勾配の変更を行うか，のり面保護構造物，のり面排水施設等による対策を講じる。

① 地すべり地の場合
② 崖錐，崩積土，強風化斜面の場合
③ 砂質土等，特に侵食に弱い土質の場合
④ 泥岩，凝灰岩，蛇紋岩等の風化が速い岩の場合
⑤ 割れ目の多い岩の場合
⑥ 割れ目が流れ盤となる場合
⑦ 地下水が多い場合
⑧ 積雪・寒冷地域の場合
⑨ 地震の被害を受けやすい地盤の場合
⑩ 既往の経験・実績の範囲を超える長大のり面となる場合

切土高が高いのり面ではのり面の途中に幅1～2mの小段を設けるのが一般的である。小段を設ける際の留意点については「道路土工－切土工・斜面安定工指針」等を参考とするとよい。

ii）斜面安定施設

斜面安定施設には，災害形態に応じて斜面崩壊対策，落石・岩盤崩壊対策，地すべり対策，土石流対策等の施設があり，災害を予防する予防施設と防止する防護施設に大別される。

予防施設には，対象とする災害の発生を抑制するために，侵食や風化を防止又は抑制する対策，不安定な土塊等を安定化させる対策がある。予防施設のうち侵食や風化を防止又は抑制する対策の設計にあたっては，供用中に点検，監視等により対策効果が維持されていることを確認するとともに，予防施設に変状等が生じた場合には必要に応じて通行規制や補修，補強等が行われることを前提に，既往の実績により効果が確認されている方

法に基づいて行うことができる。また，不安定な土塊等を安定化させる対策の場合は，不安定な土塊等の安定を確保するように設計を行い，かつ条文（5）の規定を満足する施設は所定の性能を満足すると考えてよい。

解表4－4　切土に対する標準のり面勾配

地山の土質		切土高	勾配
硬岩			1：0.3 ～ 1：0.8
軟岩			1：0.5 ～ 1：1.2
砂	密実でない粒度分布の悪いもの		1：1.5 ～
砂質土	密実なもの	5m以下	1：0.8 ～ 1：1.0
		5～10m	1：1.0 ～ 1：1.2
	密実でないもの	5m以下	1：1.0 ～ 1：1.2
		5～10m	1：1.2 ～ 1：1.5
砂利又は岩塊混じりの砂質土	密実なもの又は粒度分布のよいもの	10m以下	1：0.8 ～ 1：1.0
		10～15m	1：1.0 ～ 1：1.2
	密実でないもの又は粒度分布の悪いもの	10m以下	1：1.0 ～ 1：1.2
		10～15m	1：1.2 ～ 1：1.5
粘性土		10m以下	1：0.8 ～ 1：1.2
岩塊又は玉石交じりの粘性土		5m以下	1：1.0 ～ 1：1.2
		5～10m	1：1.2 ～ 1：1.5

注）① 上記の標準のり面勾配は地盤条件，切土条件等により適用できない場合があるので本文を参照すること。

② 土質構成等により単一勾配としないときの切土高及び勾配の考え方は下図のようにする。

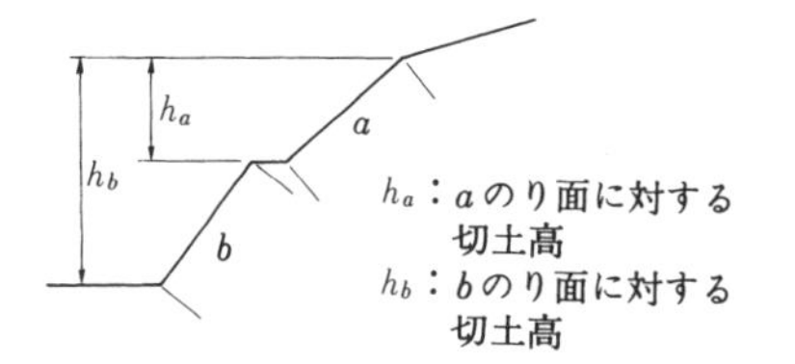

・勾配は小段を含めない。
・勾配に対する切土高は当該切土のり面から上部の全切土高とする。

③ シルトは粘性土に入れる。

④ 上表以外の土質は別途考慮する。

防護施設の設計にあたっては，常時及び降雨の作用，必要に応じて地震動の作用等に対して構造物の安定等を確保する。さらに，対象とする崩壊等の道路交通機能への影響を抑止又は抑制するために，防護施設が対象とする崩壊等を捕捉又はその運動エネルギーを減衰するように設置したうえで，想定する崩壊等の影響による衝撃荷重等によって生じる防護施設の状態が要求性能に応じた限界状態を超えないことを照査する。防護施設の設計は，理論的で妥当性を有する方法や実験等による検証がなされた方法，これまでの経験・実績から妥当とみなせる方法等，適切な知見に基づいて行う。

5）各斜面安定施設の設計の考え方

i）斜面崩壊対策施設

斜面崩壊対策は，自然斜面の表層部の土砂の崩壊に対する対策であり，そのための施設を斜面崩壊対策施設という。自然斜面の表層部の土砂の崩壊には，構成材料が未固結の土砂からなる斜面の表層部の崩壊と，基岩を被覆する表層の土砂の崩壊があり，山側切土のり面より上部の自然斜面で発生するものを含む。なお，切土のり面の表層部の崩壊に対する対策施設はのり面保護構造物に分類されるが，施設の種類は斜面崩壊対策施設と共通するものも多い。

斜面崩壊対策施設は予防施設と防護施設に大別される。予防施設は，崩壊発生源における斜面の風化，侵食又は崩壊発生を抑止することを目的とする。予防施設の設計にあたっては，予想される崩壊の発生位置・範囲，崩壊深さ等を十分な調査により推定し，それをもとに予防施設の範囲・配置や必要抑止力等を決定する必要がある。

防護施設は，崩壊により発生した崩土の運動を停止又はその方向を変化させて道路や通行車両を防護することを目的とする。防護施設の設計にあたっては，予想される崩壊の発生位置，崩壊範囲，崩壊深さ，崩土の堆積範囲，土圧，衝撃力等を十分な調査により推定し，それをもとに防護施設の範囲，配置，必要抑止力等を決定する必要がある。

防護施設の設計荷重の考え方は以下の２通りがある。

①　崩壊が小規模かつ発生位置と道路面の比高が小さいか，道路山側に平

地があって崩土の運動速度が小さくなると予想される箇所は，堆積土砂の土圧を考慮する必要がある。

② 崩壊が大規模又は崩壊発生位置と道路面との比高が大きい時は，堆積土砂の土圧及び崩土の衝撃力を考慮する必要がある。

防護施設のうち待ち受け擁壁については，以下の項目を考慮し，設計を行う。

ａ）堆積土砂等の土圧に対する安定性

ｂ）崩土等の衝撃力に対する安定性

ｃ）崩壊土量に対する空き容量の大きさ

なお，地震動の作用に対しては，斜面崩壊対策施設のうち，大規模な待ち受け擁壁等の規模が大きい防護施設については，地震動の作用に対する照査を行う。一方，通常の斜面崩壊対策施設については，通常の点検及び降雨時・地震時の緊急点検を通じて補修が行われることを前提にして，常時及び降雨の作用に対して所定の要求性能に対する照査を行えば，地震動の作用に対しても性能を満足していると考えてよい。

ⅱ）落石・岩盤崩壊対策施設

落石対策には，発生源を除去，固定及び発生を抑止することを目的とした落石予防工と，発生した落石による被害を防止することを目的として落石防護施設を設ける落石防護工がある。

落石予防工は，落石の発生が予測される斜面内の落石予備物質（浮石，転石）を対象に次の効果を期待して実施される発生源対策であり，落石予備物質の除去と落石予防施設によるものに分けられる。

① 表流水，凍結融解，温度変化，乾湿の繰返し，風力等による侵食風化の進行を防止する。

② 落石予備物質の移動を原位置で直接的に抑止する。

③ 落石予備物質を固定する。

④ 落石予備物質を除去する。

⑤ 斜面崩壊に伴う落石を防止する。

落石防護施設は，斜面から落下してくる落石に対して発生源から道路に至る中間地帯（斜面中）又は道路際（斜面下部）に設置して道路及び通行車両を防護するための待ち受け対策施設である。

設置される落石防護施設の種類は設置位置によって次のように分類される。

① 発生源から道路に至る中間地帯（斜面中）に設ける施設：ポケット式落石防護網，落石防護柵，落石防護擁壁等

② 道路際（斜面下部）に設ける施設：ポケット式落石防護網，落石防護柵，落石防護棚，落石防護擁壁，ロックシェッド，落石防護土堤等

落石防護施設の設計にあたっては，対象とする落石の道路の機能への影響を抑止又は抑制するために，落石防護施設が対象とする落石を捕捉又はその運動エネルギーを減衰するように配置するとともに，想定する落石荷重に対する安定性や部材の強度，変形等について，想定する落石の作用によって生じる落石防護施設の状態が要求性能に応じた限界状態を超えないことを照査する必要がある。落石防護施設の設計は，理論的で妥当性を有する方法や実験等による検証がなされた方法，これまでの経験・実績から妥当とみなせる方法等，適切な知見に基づいて行う。

なお，地震動の作用に対しては，落石防護施設のうち，大規模な待ち受け擁壁やロックシェッド等の規模が大きい落石防護施設については，地震動の作用に対する照査を行う。一方，通常の落石防護施設については，通常の点検及び降雨時・地震時の緊急点検を通じて補修が行われることを前提にして，常時及び降雨の作用に対して所定の要求性能に対する照査を行えば，地震動の作用に対しても性能を満足していると考えてよい。

岩盤崩壊対策には，回避による対策，岩盤崩壊対策施設による対策及び監視による暫定的な対策がある。大規模な岩盤崩壊の発生が予測される箇所を道路が通過する場合には，岩盤崩壊の到達範囲外を通過することが望ましい。ただし，岩盤崩壊対策施設により対策可能と判断された場合には，不安定岩塊の除去や固定化等の予防工を主体に検討し，必要に応じて斜面途中や道路際への防護施設の設置又は両者の組合せによる対策を検討する必要がある。ただし，これらの対策が完了するまでの間や，対策施設によ

り抜本的に対策することが困難な場合には，可能な限りの対策を施したり，目視点検や計器等を用いた監視を行ったり，緊急時に避難や通行止めを講じるなどの暫定的な対処をする場合もある。防護施設を設置する場合の照査については落石防護施設の照査の考え方に準じる。

ⅲ）地すべり対策施設

地すべり対策は，計画路線の選定に際して，地すべりの発生するおそれのある地域を避けることが基本であるが，やむを得ずこれらの地域に道路を建設しなければならない場合は，必要な調査を行って適切な地すべり対策施設の検討を行う。なお，供用中に地すべり活動が活発化した場合には，通行規制等ソフト対策の実施及び対策施設の再検討が不可欠である。

地すべり対策工には大別して抑制工と抑止工がある。抑制工とは地形，地下水状態等の自然条件を変化させて地すべり活動を停止又は緩和させる工法であり，そのための施設を地すべり抑制施設という。抑止工とは構造物を設けることによって構造物のもつ抑止力により，地すべりの一部又は全部を停止させる工法であり，そのための施設を地すべり抑止施設という。

地すべり対策工ないし対策施設は必ずしも1種類とは限らず，多くの場合数種の工種を組み合わせている。一般には，抑制工を主体とし，必要に応じて抑止工を組み合わせて用いる。抑制工及び抑止工の詳細については「地すべり防止技術指針及び同解説」等を参考とするとよい。

このうち抑止工は地すべり土塊の動きが継続している場合，効果が期待できないばかりでなく，施工自体が危険を伴うこともあるので，このようなときは抑制工を先行し，地すべりの動きを抑えてから適切な時期に実施する必要がある。

地すべり対策施設の設計にあたっては，対象とする地すべりの安定性の照査を行う。一般に地すべりの安定性の照査では，地すべりの安定確保に必要な対策施設の規模を決定するために，地形判読，現地踏査，ボーリング調査，パイプひずみ計・孔内傾斜計観測，地下水観測等の十分な調査結果に基づいて対象とする地すべりブロックを設定したうえで，地すべりブロックごとに安定計算を行う。地すべりブロックの設定にあたっては，地すべり発生の可能性のある平面的範囲，すべり面の深さ，すべりの方向を想定する必要がある。地すべり対策施設の設計は安定計算の結果により求まる地すべりブロックの滑動力を考慮して行う。このとき，通常の点検及び降雨時・地震時の緊急点検を通じて補修が行われることを前提にして，常時及び降雨の作用に対して所定の要求性能に対する照査を行えば，地震動の作用に対しても性能を満足していると考えてよい。

ⅳ）土石流対策施設

土石流対策の計画・設計にあたっては，土石流による道路の被災形態を考慮する必要がある。

土石流の発生が予測される渓流を道路が横断する場合の土石流対策の基本的な考え方は次のとおりである。

① 道路構造で土石流を回避できるかを検討する。道路面と渓床の高低を比較し，道路面が渓床より高い場合は，原則として十分なクリアランスを持つ橋梁やカルバートで横断することとし，道路面が渓床よりも低い時は土石流覆工構造物で通過する等適切な対策施設を設計する。

② 道路構造単独での対応が困難な場合には，砂防えん堤等の土石流対策施設による対応を検討する（道路構造による対応との併用を含む）。その場合，砂防事業，治山事業等の他事業と十分に調整を行う。

③ 大規模な自然斜面及び渓流では，これらの構造物のみでは土石流に対処し得ない場合もある。この場合には通行規制等の手段を活用し，道路交通の安全確保に努める。

土石流対策施設の選定は，土石流の種類，発生頻度，規模及び道路面と渓床高さの関係を考慮して適切に行う。

土石流対策施設の設計にあたっては，静水圧，堆砂圧（土圧）及び土石流流体力を考慮する必要がある。このとき，通常の点検及び降雨時・地震時の緊急点検を通じて補修が行われることを前提にして，常時及び降雨の作用に対して所定の要求性能に対する照査を行えば，地震動の作用に対しても性能を満足していると考えてよい。ただし，一定規模以上の砂防えん堤については，上記に加えて揚圧力，地震時動水圧及び地震時慣性力を考慮し，常時及び降雨の作用と地震動の作用のそれぞれに対して照査を行う。土石流対策施設の設計及び照査の方法については「土石流・流木対策設計技術指針解説」及び「河川砂防技術基準（案）・同解説設計編Ⅱ」等を参考とするとよい。

（2）切土のり面の保護

切土のり面は，道路の要求性能に適合した切土の安定性を確保するための形状及び十分な強度を保持する構造とする必要がある。そのため，切土完了後の降雨等の外的要因に対し，のり面の侵食や崩壊等の防止のため，のり面保護施設について十分な検討を行う。

のり面保護施設はのり面緑化とのり面保護構造物に大きく分けられ，のり面緑化はさらに植生と，植生の施工を補助するためのネット，のり枠等の緑化基礎に分けられる。

のり面保護施設の選定は，のり面の長期的な安定確保を第一に考え，現地の諸条件や周辺環境を把握し，各工種の特徴（機能）を十分理解したうえで，経済性や施工性及び維持管理を考慮して行う。

のり面緑化は，のり面に植物を繁茂させることによって，雨水による侵食の防止，地表面の温度変化の緩和，寒冷地の土砂のり面での凍上による表層崩壊の抑制を図るものである。さらに，周辺の自然環境と調和のとれた植生を成立させることで自然環境の保全を図ったり，植物による修景あるいは生物多様性の保全等を目的として行ったりするものである。

のり面保護構造物には，のり面の風化や侵食又は表層崩壊の防止を目的としたもの，さらには深層部に至る崩壊の防止を目的としたもの等各種あり，一部の構造物は植生のための基盤の安定を図ることを目的に，緑化基礎として用いられることもある。その選定にあたっては，切土部の調査により明らかになった地山条件や切土条件を考慮して，適切な工種を選定することが重要である。また，のり面保護構造物においても，できる限り周辺の環境及び景観との調和や保全に配慮することが必要である。

のり面保護構造物の設計にあたっては，のり面の長期的な安定を図るため，経験的方法又は適切な荷重等を設定して，使用材料，形状寸法や必要な品質等を検討する必要がある。

のり面保護構造物のうち，擁壁，地山補強土，杭，グラウンドアンカー等は，ある程度の土圧やすべり土塊の滑動に対する抑止力を有することから，岩盤，土塊の崩壊防止及び安定を図る目的で設置される。これらの構造物を設計する場合には，調査結果に基づいた崩壊の深さ，地下水位，荷重，土塊の滑動力等を設定し，その荷重や滑動力に対抗できるように構造物の使用材料，形状寸法，構造物断面や必要な品質等を設計する必要がある。このとき，通常の点検及び降雨時・地震時の緊急点検を通じて補修が行われることを前提にして，擁壁を除くのり面保護構造物は常時及び降雨の作用に対して所定の要求性能に対する照査を行えば，地震動の作用に対しても性能を満足していると考えてよい。擁壁の設計については「道路土工－擁壁工指針」等を参考とするとよい。

上記を除く他ののり面保護構造物（吹付け，のり枠等）は，風化，侵食，表層崩壊，岩盤表面からの岩片のはく離等の発生を除去又は軽減する目的で設置される。これらの構造物を設計する場合は，一般に経験的手法にて使用材料，形状寸法，必要な品質等を決定する場合が多い。これらは土圧や滑動力が働くような不安定な箇所に適用できるものではないため，将来の状況変化によって土圧や滑動力が生じた場合には，別途対策施設を設計する必要がある。また，例えば土圧や滑動力が作用するような不安定な箇所に吹付けやのり枠を適用するなど，のり面保護構造物の適用を誤ると後になって構造物自体が変形して性能低下や道路の機能への支障を生じることがあるので注意する必要がある。

（3）切土のり面における排水

切土のり面の崩壊は表流水や地下水等の作用が原因となることが極めて多い。したがって，通常の切土のり面では，のり面の侵食を防止して安定を図るほか，水圧による不安定化を防ぐため，（2）で述べたのり面保護に加えてのり面排水を併用する必要がある。

切土のり面の排水施設は，降雨や融雪により隣接地からのり面や道路各部に流入する表流水，隣接する地帯から浸透してくる地下水又は地下水面の上昇等，水によるのり面や道路土工構造物の不安定化及び道路の脆弱化の防止を目的とし，表流水，湧水等によるのり面の侵食や崩壊を防止するのに十分な効果を発揮するよう計画・設計する必要がある。

ⅰ）表流水

のり面侵食の防止には，のり面を流下する水を少なくする必要がある。そのため，必要に応じてのり肩排水溝，縦排水溝，小段排水溝等を設置するとよい。小段に集まる水の量が少ない時には小段排水溝を設けない場合もあるが，一度小段に集まった水が局所的に集まってのり面を流下することのないように小段に下り勾配をつけるなどの配慮が必要である。

しらす，まさ土，山砂等の侵食に弱い土ののり面の排水施設は，のり肩，小段及び縦排水のいずれも十分な余裕を持った断面とし，これら排水施設から水があふれたり漏水等が生じないようにする必要がある。また，排水施設周辺ののり面は芝，草地などとし裸地のままにしないようにし，素掘りの溝は避ける。

のり面に植生を施工した直後で植生が十分に活着していないときには，のり面の侵食や植生基盤の脱落（すべり）が生じやすいので，特に排水が支障なく行われるようにする必要がある。

排水施設を計画する際は，切土に接続する自然斜面からも表流水が流入しないよう，のり肩に排水施設を設置すること等によって水の流下する方向を変えて，のり面崩壊の防止を図る必要がある。また長大のり面では降雨時にのり面を流下する水が下部ではかなりの量になるので，表流水による侵食を防ぐために小段に排水施設を設け，表流水を排除する必要がある。また，のり肩や小段の排水施設から水があふれるのを防止するため，必要に応じて縦排水施設の設置を検討する。表流水排水施設を計画する際の降雨の作用に対する考え方は４－２（２）による。

ⅱ）湧水等

のり面の湧水は，地下水や地中に浸透した雨水や融雪水が原因である。切土により地下水脈を分断すると，切土のり面上部の自然斜面から浸透した雨水や融雪水により湧水が発生し，のり面に悪影響を及ぼすことがある。のり面の湧水は，のり面を侵食するおそれのあるほか，場合によっては湧水の流出する地層に沿ってすべり面が形成され，のり面崩壊の原因となる。

一般に，切土部と盛土部の境界は地下水位が高く，かつ地表面からの浸透水が集まるので湧水の量が多い。

のり面からの湧水の有無，量を知るため，切土にあたって地下水位の位置や透水層が切土のり面に出る可能性の有無とその傾斜を調べる必要がある。しかしながら，事前の調査のみによって地下水の状態を把握しきることは難しく，切土を進めていくと思わぬ所から湧水が確認されることもあるので，十分注意しながら施工を進めて，その状況に応じて設計や施工方法の変更等により対処していかなければならない。なお，不安定と考えられる切土等の場合は，地下水位を計測することにより，降雨時の水位を設定し安定計算を行うなど設計に反映させる方法も考えられる。湧水を排水するものには，のり面じゃかご，地下排水溝，水平排水孔等がある。

切土面より常時湧水のある箇所又は降雨時や融雪時に湧水が生じるおそれのある箇所には，水平排水孔又は排水を考えたのり面保護施設，例えば湧水をためない開放型ののり枠等を選定する必要がある。この場合，水平排水孔を設ける場合は小段排水溝等に直結させ，のり面内への流入を防ぐとよい。また，吹付けの場合は，吹付け背面に湧水等がたまるのを抑制するために適切な間隔で排水孔を設ける。擁壁，コンクリート張，ブロック積み等の壁状の構造物の場合も同様に，背面に湧水等がたまるのを抑制するために排水孔等の適切な排水対策が必要である。擁壁の場合は例えば「道路土工－擁壁工指針」等を参考とするとよい。

切土を進めていく過程で初めは地下水位が高く，多量の湧水があっても工事の進行に伴って急激に流量が減少することがある。この反対に掘削時期がたまたま乾燥期にあったために湧水は存在しないが，降雨・融雪のたびに激しい湧水が生じる地層もある。このような現象は破砕帯，断層及び雨水・融雪水による地下水の供給を受けやすい透水層等を含む地層で発生することが多く，あらかじめ排水孔を設けるなど，湧水により土砂が洗い流されることや，地下水位上昇に伴うのり面の不安定化を防ぐ処置をしておくことが必要である。

iii）流末処理

表面排水，地下排水いずれの場合も，排水の流末は，周辺に影響を及ぼさないよう適切に処理をする必要がある。

山間部の道路の排水は，極力河川又は排水路まで導くよう計画・設計すべきである。この場合それぞれの管理者と事前に協議する必要がある。

市街地の道路の排水は，一般に下水道施設に放流される。したがって，その処理にあたっては，下水道管理者と十分調整を取る必要がある。

iv）凍上

寒冷地における切土のり面は，冬期間の凍上現象や融雪期の凍結融解作用及び春先の融雪水の影響を受けて崩壊することがあるので，十分な検討を行い，必要な対策を設計する必要がある。また，のり尻や小段部に設置される側溝や排水ます等ののり面排水施設が凍上現象により持ち上げられたり，側壁部に凍上力が作用して破損したりすることがあるので，埋設する箇所の地盤の凍上性や冬期間の積雪条件等を考慮して，必要な対策を講じる必要がある。側溝等では切込砂利等の凍上抑制層により凍上被害を防止する方策もとられるが，切土のり面の排水施設では洗掘を起こしやすくなることがあるので注意が必要である。排水容量の大きい縦排水溝を設ける場合に，管路を用いて埋設し，土砂等で被覆することにより凍上被害を防止する例もある。凍上対策の詳細については「道路土工要綱」「道路土工－切土工・斜面安定工指針」等を参考とするとよい。

（4）斜面安定施設における排水

斜面安定施設は，立地条件や構造により，雨水や湧水等が施設の安定性に大きく影響するものとしないものがある。例えば落石防護網や落石防護柵等はそれ自体が雨水や湧水をためる構造ではないため，特に排水施設は必要ない。一方，斜面崩壊対策や落石防護柵基礎として用いられることが多い擁壁のような壁状の構造物は背面に雨水や湧水がたまりやすいため，適切な排水対策が必要である。

地すべり対策においては，排水施設は地すべり対策施設そのものに含まれるものであり，地表水排除施設及び地下水排除施設が該当する。土石流対策施設は，それ自体が土石流を捕捉・流下させる施設であるため，渓流に集まった雨水の排水を同時に行っていると考えられる。斜面安定施設における排水の詳細については，「道路土工－切土工・斜面安定工指針」等を参考とするとよい。

4－4－2　盛　　土

（1）常時の作用として，少なくとも死荷重の作用及び活荷重の作用を考慮する。 （2）盛土のり面は，のり面の侵食や崩壊を防止する構造となるよう設計する。 （3）盛土は，雨水や湧水等を速やかに排除する構造となるよう設計する。 （4）路床は，舗装と一体となって活荷重を支持する構造となるよう設計する。 （5）盛土の基礎地盤は，盛土の著しい沈下等を生じないよう設計する。

（1）盛土の設計における照査の基本的な考え方

1）盛土の設計の考え方

4－3において道路土工構造物の要求性能が示されており，盛土の設計にあたっては，原則として要求性能に対して盛土の限界状態を設定し，想定する作用に対する盛土の状態が限界状態を超えないことを照査することが基本となる。ただし，既往の経験・実績や近隣又は類似土質条件の盛土の施工実績・災害事例等から要求性能を満足すると考えられる仕様については，その適用範囲においてはこれを活用してよい。ただし，適用範囲を外れる場合や，既往の事例から想定する各作用により変状・被害が想定されるような条件の場合においては，工学的計算を適用するよう配慮する必要がある。

2）想定する作用と荷重

盛土の設計にあたって想定する作用には，常時の作用，降雨の作用，地震動の作用及びその他の作用がある。その他の作用については，盛土の設置条件によって，凍上，水圧，浸透水や洗掘の作用等を考慮する必要がある。

盛土の設計にあたっては，以下の荷重から想定する作用，盛土の設置地点の諸条件，形式等によって適切に選定する必要がある。

i ）死荷重

材料の単位体積重量を適切に評価して設定する必要がある。

ii ）活荷重

自動車の交通の状況や施工状況を考慮して適切に設定する必要がある。

iii ）降雨の影響

降雨による表流水や地山からの浸透水の影響を考慮するものとし，それらを設定するための降雨強度は地域の降雨特性，盛土の特性，照査項目等を考慮して適切に設定する必要がある。

iv ）地震の影響

地震の影響には，盛土の振動応答に起因する慣性力（以下「慣性力」という。），液状化の影響があり、地盤条件や盛土条件に応じて適切に設定する必要がある。

v ）その他

水辺に接した盛土や地下水位が高い場合には水圧，浮力を考慮する必要がある。

荷重の組合せは，同時に作用する可能性が高い荷重の組合せのうち，最も不利となる条件を考慮して設定し，想定する範囲内で盛土に最も不利となるように作用させる。

想定する作用における荷重の組合せの例を**解表４－５**に示す。

解表４－５　想定する作用における荷重の組合せの例

想定する作用		考慮する荷重
常時の作用	施工時	死荷重（＋活荷重）※1
	供用時	死荷重（＋活荷重）※1
降雨の作用※2	供用時	死荷重＋降雨の影響
地震動の作用	レベル１地震動	死荷重＋地震の影響
	レベル２地震動	死荷重＋地震の影響

※１：（　）内のものは盛土への影響や施工条件等を踏まえて必要に応じて考慮する。
※２：降雨の作用に関してはこの他に表面排水施設の設計も行う。本表における降雨の作用は，４－２（２）に示した供用期間中に通常想定される降雨である。

3）盛土の限界状態と照査の考え方

i）照査の基本的な考え方

盛土の設計にあたっては，要求性能に応じた盛土の限界状態を設定し，想定する作用によって生じる盛土の状態が限界状態を超えないことを照査する必要がある。盛土の要求性能に応じた限界状態，照査の考え方及び照査項目の例を，**解表４－６**に示す。

ii）限界状態

①　性能１に対する盛土の限界状態

性能１に対する盛土の限界状態は，盛土が健全である，又は，盛土は損傷するが，当該盛土の存する区間の道路としての機能に支障を及ぼさない範囲内で適切に定める必要がある。盛土の長期的な沈下や変形，降雨や地震動の作用による軽微な損傷を完全に防止することは現実的ではない。このため，性能１に対する盛土の限界状態は，道路の安全性，使用性及び修復性をすべて満足する観点から，盛土に軽微な亀裂や段差が生じた場合でも，平常時においての点検及び補修，また地震時等においての緊急点検及び緊急措置により，道路としての機能を確保できる限界の状態として設定すればよい。この場合，基礎地盤の限界状態は，力学特性に大きな変化が生じず，かつ基礎地盤の変形が盛土及び路面から要求される変位にとどまる限界の状態，盛土本体の限界状態は，その力学特性に大きな変化が生じず，かつ路面から要求される変位にとどまる限界の状態として設定すればよい。また，路床については，舗装設計から要求される支持力を確保するよう設計する必要がある。

②　性能２に対する盛土の限界状態

性能２に対する盛土の限界状態は，盛土の損傷が限定的なものにとどまり，当該盛土の存する区間の道路の機能の一部に支障を及ぼすが，すみやかに回復できる範囲内で適切に定める必要がある。このため，性能２に対する盛土の限界状態は，道路の安全性及び修復性を満足する観点から，盛土に損傷が生じて通行止め等の措置を要する場合でも，応急復旧等により道路の機能を回復できる限界の状態として設定すればよい。

解表４－６　盛土の要求性能に対する限界状態と照査項目（例）

要求性能	盛土の限界状態	構成要素	構成要素の限界状態	照査項目	照査手法
性能１	盛土が健全である，又は，盛土は損傷するが，当該盛土の存する区間の道路としての機能に支障を及ぼさない限界の状態	基礎地盤	基礎地盤の力学特性に大きな変化が生じず，盛土及び路面から要求される変位にとどまる限界の状態	変形	変形照査
				安定	安定照査
		盛土	盛土の力学特性に大きな変化が生じず，かつ路面から要求される変位にとどまる限界の状態	変形	変形照査
				安定	安定照査
性能２	盛土の損傷が限定的なものにとどまり，当該盛土の存する区間の道路の機能の一部に支障を及ぼすが，すみやかに回復できる限界の状態	基礎地盤	復旧に支障となるような過大な変形や損傷が生じない限界の状態	変形	変形照査
		盛土	損傷の修復を容易に行い得る限界の状態	変形	変形照査
性能３	盛土の損傷が，当該盛土の存する区間の道路の機能に支障を及ぼすが，当該支障が致命的なものとならない限界の状態	基礎地盤	隣接する施設等へ甚大な影響を与えるような過大な変形や損傷が生じない限界の状態	変形	変形照査
		盛土	隣接する施設等へ甚大な影響を与えるような過大な変形や損傷が生じない限界の状態	変形	変形照査

この場合，基礎地盤の限界状態は，復旧に支障となるような過大な変形や損傷が生じない限界の状態として，盛土本体については，損傷の修復を容易に行い得る限界の状態として設定すればよい。この際，損傷した場合の修復方法を考慮して設定する必要がある。

③　性能３に対する盛土の限界状態

性能３に対する盛土の限界状態は，盛土の損傷が，当該盛土の存する区間の道路の機能に支障を及ぼすが，当該支障が致命的なものとならない範囲内で適切に定める必要がある。このため，性能３に対する盛土の限界状態は，道路の使用性及び修復性は失われても，安全性を満足する観点から，盛土の大規模な崩壊によって道路自体が失われたり，隣接する施設等への甚大な影響が生じたりするのを防止できる限界の状態として設定すればよい。この場合，基礎地盤及び盛土本体の限界状態は，隣接する施設等へ甚大な影響を与えるような過大な変形や損傷が生じない限界の状態として設定すればよい。

なお，各限界状態に対応した変形量の許容値は道路及び盛土の特性によって異なるため，盛土の形式，想定される被災パターンと修復の難易，立地条件と周辺への影響，道路の社会的役割等を総合的に勘案して定めるのがよい。

iii）照査方法

照査は，盛土の形式，想定する作用，限界状態に応じて適切な方法に基づいて行う。この際，盛土本体の設計を，既往の経験・実績に基づく仕様の適用，又は工学的計算による盛土の安定性の照査のいずれで行うかは，基礎地盤や盛土の条件等により判断する。

また，盛土の安定性及び耐久性は，設計のみならず施工の良し悪し，維持管理の程度に大きく依存する。したがって，設計にあたっては，設計で前提とする施工及び施工管理の方法を定めるとともに，維持管理の方法を考慮する必要がある。特に，盛土材料の力学特性は土質及び締固めの程度が大きく影響するため，設計で前提とする強度等の力学特性が発揮されるよう，盛土材料の土質を定めるとともに，適切な締固め及び品質管理の条件を定める必要がある。

4）照査における既往の経験・実績の適用

盛土に必要な性能が確保できると考えられる仕様の一つとして，「道路土工－盛土工指針」に示す，標準のり面勾配がある。標準のり面勾配は，既往の数多くの施工実績や経験に基づき，盛土材料及び盛土高に応じて定められている（**解表４－７**）。標準のり面勾配は，基礎地盤の安定性が十分にあり，基礎地盤からの地下水の浸透のおそれがない場合や，地下水の浸透に対しすみやかに排出する排水対策を十分に行い，かつ水平方向に薄層に敷き均し密実に転圧され，**解表４－８**，**解表４－８**の締固め管理基準値を満足する盛土で，必要に応じて侵食の対策（土羽土，植生，簡易なのり枠，ブロック張等によるのり面保護）を施した場合に適用できる。このような仕様の適用条件を満足しその適用範囲内で設計され，かつ条文（２）～（５）の規定を満足する盛土は，**解表４－３**に例示した重要度１の要求性能を満足すると考えてよい。

一方，盛土及び盛土周辺地盤の条件が以下の①②のいずれかに該当する場合には，常時の作用に対して，さらには必要に応じて降雨の作用及び地震動

解表４－７　盛土材料及び盛土高に対する標準のり面勾配の目安

盛土材料	盛土高	勾　配	摘　要
粒度幅の広い砂(S)，礫及び細粒分混じり礫(G)	5ｍ以下	1:1.5～1:1.8	基礎地盤の支持力が十分にあり，浸水の影響がなく，**解表４－８**及び**解表４－９**に示す締固め基準値を満足する盛土に適用する。 (　)内の記号は地盤材料の工学的分類の代表的なものを参考に示した。 標準のり面勾配の範囲外の場合は安定計算を行う。
	5～15ｍ	1:1.8～1:2.0	
分級された砂(SG)	10ｍ以下	1:1.8～1:2.0	
岩塊(ずりを含む)	10ｍ以下	1:1.5～1:1.8	
	10～20ｍ	1:1.8～1:2.0	
砂質土(SF)，硬い粘質土，硬い粘土（洪積世の硬い粘性土，粘土，関東ローム等）	5ｍ以下	1:1.5～1:1.8	
	5～10ｍ	1:1.8～1:2.0	
火山灰質粘性土(V)	5ｍ以下	1:1.8～1:2.0	

注）盛土高は，のり肩とのり尻の高低差をいう。

の作用に対する安定性の照査を行い，盛土構造（盛土材料の使用区分等），地下排水施設，のり面勾配，のり面保護施設及び締固め管理基準値を検討する。締固め管理基準値に関しては，**解表４－８**，**解表４－９**を管理基準値の目安としつつ，設計で前提とする強度等の力学特性が発揮されるよう定める必要がある。なお，構造物接続部のうち，道路橋のように構造物側の基準類で別途目安等が示されている場合には，これを満足する必要がある。また，必要に応じて基礎地盤の処理を検討することが必要である。

①　盛土周辺の地盤条件

・盛土の基礎地盤が軟弱地盤や地すべり地のように不安定な場合（地震時にゆるい砂質地盤が液状化する場合を含む。）

・降雨や浸透水の作用を受けやすい場合（例えば，片切り片盛り，腹付け盛土，傾斜地盤上の盛土，谷間を埋める盛土）。ただし，排水対策を十分に行い，標準のり面勾配の範囲内であれば常時の作用，降雨及び地震動の作用に対する照査を省略できる。

・盛土が水際にあり，常時及び洪水時等に盛土が不安定となる，あるいは盛土のり尻付近や基礎地盤が侵食されるおそれがある場合(例えば，池の中の盛土，川沿いの盛土)

解表4－8　日常管理の基準値の目安（路体）

区分	仕上がり厚さ	管理基準値				施工含水比
		土砂区分	締固め度 D_c（%）	空気間隙率 v_a（%）	飽和度 S_r（%）	
土砂	30cm以下	粘性土	—（※1）	10以下	85以上	（※2）
		砂質土	90以上（A，B法）（※3）	—	—	
岩塊	試験施工により決定	試験施工により決定				

表中のいずれかの基準値を用いて管理を行う。
表中の—は使用不適当
※1：粘性土材料で締固め度管理が可能な場合は，本表の「砂質土」の基準を適用可
※2：締固め度管理の場合は，右図中に矢印で示す範囲，空気間隙率及び飽和度管理の場合は，自然含水比又はトラフィカビリティーが確保できる含水比を目安とする。
※3：突き固めによる土の締固め試験（JIS A 1210）における突き固め方法の呼び名

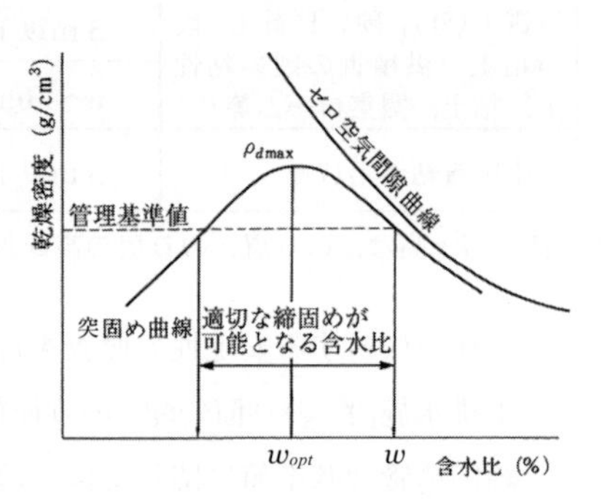

解表4－9　日常管理の基準値の目安（路床及び構造物との接続部）

施工部位	仕上がり厚さ	管理基準値			施工含水比
		土砂区分	締固め度 D_c（%）	空気間隙率 v_a（%）	
路床	20cm以下	粘性土	—	8以下	最適含水比付近
		砂質土	95以上（A，B法） 90以上（C，D，E法） （※1）	—	
構造物接続部	20～30cm	粘性土	—	8以下	
		砂質土	95以上（A，B法） 90以上（C，D，E法） （※1）	—	

表中のいずれかの基準値を用いて管理を行う。
表中の—は使用不適当
※1：突き固めによる土の締固め試験（JIS A 1210）における突き固め方法の呼び名

② 盛土自体の条件

・盛土高やのり面勾配が**解表4－7**に示す標準値を超える場合

・盛土材料が**解表4－7**に該当しないような特殊土からなる場合

なお，これらの場合においても，計算結果のみに基づいて設計するのではなく，近隣又は類似土質条件の盛土の施工実績・災害事例等を十分に調査し，総合的な判断を加味して設計するのがよい。

既往の経験・実績に基づく照査の考え方は以下の通りである。

i）常時の作用に対する盛土の安定性の照査の基本的な考え方

以下に従い常時の作用に対する盛土の安定性の照査を行い，かつ条文（2）～（5）の規定を満足する盛土は，常時の作用に対して性能1を満足すると考えてよい。

既往の経験・実績に基づく仕様の適用範囲を超える盛土については，常時の作用に対する盛土の安定性の照査を行う必要がある。なお，標準のり面勾配をその適用範囲において用いる場合には，入念な締固めと十分な排水施設を設置することを前提に，常時の作用に対する照査を行ったものとして考えてよい。

常時の作用に対する安定性の照査においては，施工中・供用中における常時の作用に対し，施工時，供用時において盛土及び基礎地盤がすべりに対して安定であるとともに，変位が許容変位以下であることを照査する必要がある。このとき，許容変位は，上部道路及び隣接する施設から決まる変位を考慮して定める。常時の作用に対するすべりに対する安定の照査は，円弧すべり法によって安定を照査することにより行ってよい。変位の照査については，常時の作用による圧密，変形の影響を考慮して，盛土及び基礎地盤の沈下及び変形について照査を行う。この際，盛土材料，盛土の基礎地盤の土質，湧水，地形等の条件を十分に考慮する必要があるが，前述の①及び②に示した盛土及び基礎地盤に該当するような問題がない場合は，盛土自体の沈下に対しては圧縮性の低い材料を用い，十分な排水対策及び適切な締固め管理を行うことで，盛土自体の変形，沈下等の変位の照査を省略できる。

常時の作用に対する安定性が確保できない場合には，のり面勾配の変更，締固め管理基準値の引き上げ，盛土材料の変更・改良，地下排水施設の設置，のり面保護施設の適用，地盤改良，補強材等により安定性を確保することを検討する必要がある。

ⅱ）降雨の作用に対する盛土の安定性の照査

標準のり面勾配を適用した盛土又は常時の作用に対する安定性の検討を行った盛土で，**解図４－３**に示すような排水施設を設置し，かつ条文（２）～（５）の規定を満足する盛土については，降雨の作用に対する盛土の安定性の照査を行わなくても，降雨の作用に対して性能１を満足すると考えてよい。ただし，地下水位の高い箇所に設置された盛土，長大のり面を有する高盛土，片切り片盛り，腹付け盛土，傾斜地盤上の盛土，谷間を埋める盛土，切り盛り境界部の盛土では，降雨時に盛土が崩壊することが多く，このような箇所の盛土については降雨の作用に対する盛土の安定性の照査を行う必要がある。一方で，降雨の作用に対する盛土の安定性には，のり面を流下する雨水や，のり面や地山からの盛土への浸透水が大きく影響するが，これらの評価については不明確な点が多い。このため，一般的には入念な締固めを行い，かつ表面排水施設，**解図４－４**に示すような地下排水施設等の十分な排水施設を設置することにより，降雨の作用に対する盛土の安定性の照査を満足すると考えてよい。

降雨の作用に対する盛土の安定性の照査を行う場合には，降雨の作用，浸透水等の作用に対して盛土及び基礎地盤がすべりに対して安定であることを照査する。降雨の作用に対する安定性の照査は，降雨の作用による浸透流を考慮して円弧すべり法等によってすべりに対する安定を照査することにより行ってよい。

ⅲ）地震動の作用に対する盛土の安定性の照査

地震動の作用に対する盛土の安定性の照査にあたっては，基礎地盤の処理，排水処理，締固め等の入念な施工が行われる前提のもとで行う必要がある。この前提のもと，標準のり面勾配を適用した盛土，又は常時の安定性照査及び必要に応じて降雨に対する安定性照査を行った盛土で，かつ条

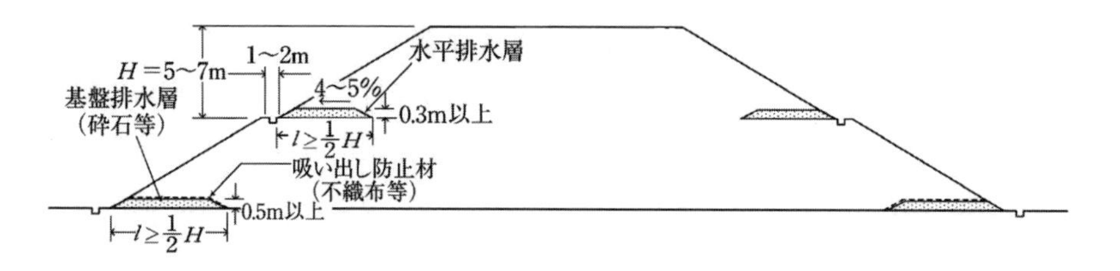

解図4－3　標準のり面勾配を適用した場合の盛土の排水施設の例

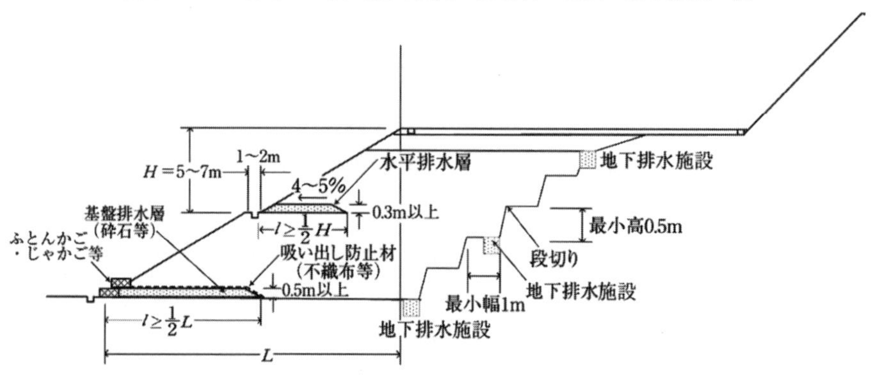

解図4－4　降雨や浸透水の作用を受けやすい盛土の排水施設の例

文（2）～（5）の規定を満足する盛土については，大きな被害が想定される盛土を除き，地震動の作用に対する安定性の照査を行わなくても，**解表4－3**に例示した要求性能を満足すると考えてよい。これは，盛土は既往の経験・実績から基礎地盤の処理，排水処理，十分な締固め等の入念な施工が行われていれば，被害は限定的であること，また一般に修復性に優れていることを考慮したものである。

レベル1地震動に対して性能1，レベル2地震動に対して性能2を要求される盛土のうち，盛土や周辺地盤の特性から大きな被害が想定される盛土については，地震動の作用に対する盛土の安定性の照査を行う必要がある。地震動の作用に対する盛土の安定性の照査にあたっては，十分な排水処理と入念な締固めを前提に，レベル1地震動に対する照査を行えば，レベル2地震動に対する照査を省略してよい。ただし，盛土や周辺地盤の特性や隣接する施設等の条件から極めて重大な二次的被害のおそれのある盛土については，レベル２地震動に対する性能２の照査を行うのがよい。

ここで，大きな被害が想定される盛土としては，軟弱地盤や傾斜地盤上の高盛土，谷間を埋める高盛土，片切り片盛り部の高盛土，切り盛り境界部の高盛土，著しい高盛土，過去の被災履歴のある箇所の盛土，旧河道・埋立地及び水辺に接した箇所等で，基礎地盤にゆるい砂質土層が厚く堆積し，液状化による大規模な被害が生じやすい盛土等がある。既往の被災事例から，盛土内の水の存在や基礎地盤の状態が被害の程度に大きく影響することがわかっている。このため，これらの盛土についても基礎地盤の処理，地下排水施設等の十分な排水施設の設置，十分な締固め等の入念な施工を行うことを前提としたうえで，地震動に対する安定性の照査を行う必要がある。

地震動の作用に対する盛土の安定性の照査においては，地震動レベルに応じて盛土及び基礎地盤がすべりに対して安定であること又は変位量が許容値以下であることを照査する必要がある。このとき，許容変位は，上部道路への影響，損傷した場合の修復性及び隣接する施設への影響を考慮して定める。ただし，レベル１地震動の作用に対する性能１の照査及びレベル２地震動の作用に対する性能２の照査は，地震の影響を考慮した円弧すべり法によって盛土及び基礎地盤のすべりに対する安定を照査することにより上記の安定と変位の照査を満足すると考えてよい。

（２）盛土のり面の保護

盛土のり面は，道路の要求性能に適合した盛土の安定性を確保するための形状及び十分な強度を保持する構造とする必要がある。このため，盛土のり面は，降雨の作用や地震動の作用等の外的要因に対し，侵食や崩壊を防止あるいは抑制する構造とする必要がある。

一般に用いられている盛土の標準のり面勾配は，基礎地盤の支持力が十分にあり基礎地盤からの地下水の流入又は浸水のおそれがなく，水平薄層に敷き均し転圧された盛土で，必要に応じて侵食の対策を施したのり面の安定性確保に必要な最急勾配を示したものである。

のり面には，のり肩から垂直距離５～７ｍ程度下がるごとに幅１～２ｍ程度の小段を設ける必要がある。小段の役割は，施工中及び施工後の降雨によるのり面の侵食防止のために，のり面を流下する水の流速を抑えるとともに，小段に排水施設を設けてこれを排除する機能を有している。また，合わせて維持管理における点検スペースの役割もある。盛土内に排水層を設ける場合，そこからの湧水を処理するため，小段と排水層の位置関係を考慮して設計する必要がある。

のり面保護施設は，設置目的の観点から，表流水によるのり面の侵食（軽微な表層崩壊を含む。）を防止するためのものと，盛土本体の安定を確保しのり面の崩壊を防止するためのものの２つに大きく分類される。特に制約条件がなく安定勾配で盛土を構築する場合には，のり面の侵食防止を目的とした施設でののり面保護の検討を行えばよい。一方，用地の制約条件等からのり面を急勾配とする場合には，侵食防止とともに盛土の安定を確保し，のり面崩壊を防止するためののり面保護施設の検討を行う必要がある。のり面の崩壊を防止することを目的とするのり面保護施設を設置する場合は，その設置条件等を踏まえて，土圧や滑動力に対するのり面保護施設の安定性も含めた全体での安定性の照査を行う。

また，のり面保護施設は使用する材料の観点から，のり面緑化とのり面保護構造物に分けられる。

のり面緑化は，のり面に植物を繁茂させることによってのり面の表層部を根で緊縛して雨水による侵食を防止し，周辺の自然環境と調和のとれた植生を成立させることで自然環境の保全を図ったり，植物による修景を目的として行ったりするものである。高架や橋梁のような構造物の下等の，日照や雨水の供給が少ない場所では，適正な植物の選定，適正な生育基盤の造成等を行わなければ植物の生育は不良もしくは不可能である。さらにのり面が安定していることが前提条件であり，侵食や表層崩壊が起こりやすい土質やのり面勾配や，湧水等の不安定な要素が認められる場合には，植生基盤を構築するための緑化基礎や排水施設の併用を検討するか，構造物による保護のみを適用する必要がある。

のり面保護構造物は，のり面の風化，侵食又は表層崩壊の防止を目的としたもの，さらには深層部に至る崩壊の防止を目的としたもの等各種ある。構造物によるのり面保護施設のうち，擁壁・杭・グラウンドアンカーを併用した現場打ちコンクリート枠等は，ある程度の土圧抗力やすべり土塊の滑動力に対する抑止力を期待するため，それぞれの機能と設置方法を理解したうえで安定性等の盛土の性能確保に必要な照査を行わなければならない。日本の地形は急峻であり，制約された用地の条件で道路整備を求められることが多い。用地の制約条件等からのり面を急勾配とする場合には，のり面保護構造物による保護が多く行われ，その中でも特に擁壁が多く用いられる。以下に擁壁を用いる場合の主な留意点を示す。

擁壁の設計にあたっては，要求性能に応じた擁壁の限界状態を設定して，想定する作用によって生じる擁壁の状態が限界状態を超えないことを照査する必要がある。擁壁にはさまざまな形式があるため，それぞれの構造形式を踏まえた適切な照査方法を用いて照査する必要がある。擁壁の中には，これまでの経験・実績から妥当とみなせる方法であると考えられる方法を用いて照査するものもある。例えば，通常のブロック積み擁壁やこれに準じた構造の大型ブロック積み擁壁の設計では，工学的計算は行わず，擁壁の壁高と勾配の関係から定まる仕様に基づいてその構造が決定されることが多い。ただし，土圧に対する安定性の照査を行わない代わりに，壁高や背面からの土圧が小さい箇所に設置するなど，適用条件を限定している。また，補強土壁は山岳部や用地条件の厳しい場合において他の構造物と連続して設置される適用事例が多く，同じ高さの盛土よりも高い耐震性を有する構造物であるが，万一変状が生じた場合の修復性が劣る場合もあり，補強土壁に変状が生じた場合の修復方法等を考慮し，要求性能に応じた補強土壁の限界状態を適切に設定する必要がある。擁壁の経験・実績に基づく仕様等については「道路土工－擁壁工指針」に示す。

一方，前述したものを除くのり面保護構造物は，土圧や滑動力が働くような不安定な箇所に設置するものではなく，のり面の侵食，風化等の防止を目的として設置するものであり，のり面の安定性や盛土の土質条件等を考慮して選定する必要がある。

（3）排水施設の設計

水を原因とした盛土の崩壊は，のり面を流下する表流水により表面が侵食されることによる崩壊と，浸透水により盛土内の間隙水圧が増大するとともに土のせん断強さが減少することから生じる崩壊とに分けられる。この両者を防止するために，排水施設を適切に設計することが重要である。また，路面に降った雨水や道路隣接地からの雨水による影響を盛土に及ぼさないようにすることが重要である。

したがって，降雨や地下水等をすみやかに盛土外に排出して路面に水をためないようにするとともに，水の浸入による盛土の弱体化を防止する排水施設を設計する必要がある。排水施設の設計にあたっては，降雨，地表面の状況，土質，地下水の状況，既設排水路系統等を十分調査して排水能力を決定し，現地条件に応じた適切な施設を選定する必要がある。

表面排水施設については，盛土の安定性を確保し，滞水により通行車両に対し支障とならないよう，路面，のり面及び道路隣接地から盛土内に流入する降雨や融雪水を盛土外にすみやかに排除する構造とする必要がある。また，横断排水施設を設置する場合，容量を超える流水や，流木あるいは土砂により流入口が閉塞することで，流水が盛土をオーバーフローして大規模なのり面崩壊や完全流失に至ることがある。このため，流出水を集めこれらを適切に下流に導くことができるように適切に設計流量を計算し，必要な内空断面を確保することが重要である。

地下排水施設については通常，地下水浸透量，背後地山等からの湧水量の定量的な予測が困難であり，かつ維持管理段階で地下排水施設を追加することが困難であるため，既往の工事実績や現地状況の調査結果から十分な排水施設を配置する必要がある。

（4）路床の設計

路床は，舗装を直接支えるほぼ均一な厚さ約１ｍの土の層であり，その支持力は舗装の厚さを決定する基礎となる。その役割は，上部の舗装と一体となって交通荷重を支持するとともに，交通荷重を均一に分散して路体に伝えることである。したがって，路床の構造と舗装の設計が個々に独立したものではなく一体として合理的なものとなるよう留意し，路床の構築にあたっては，舗装から要求される支持力，剛性を満足するよう実施する必要がある。

このため，路床は，良質な土質材料を用いて，入念な締固めを行い，舗装設計から求められる支持力を有し，変形量が少なく，また，水が浸入しても支持力が低下しにくい構造とする必要がある。締固め管理については，一般に**解表4－9**を目安としてよい。

構築した路床の状態が舗装の構造設計で想定している支持力を満たさないと，舗装の構造設計の変更，場合によっては構築した路床に対する改良等が必要となり，工事が手戻りとなってしまうこともある。

このようなことから，路床の構築にあたっては，舗装の構造設計で想定している路床の条件（設計ＣＢＲ等）を満足するよう，路床材料や締固め等の条件を適切に設定し，舗装設計の考え方を十分に踏まえて実施することも大切な視点である。

また，寒冷地において，路床土が凍上性の土質の場合には，凍結深さまで凍上を起こしにくい材料で置き換えるか，または凍上を発生させない対策を講じる必要がある。凍上対策工法の選定にあたっては，経済性，施工性，耐久性等を勘案して適切な対策を選定するよう留意する必要がある。

（５）基礎地盤の設計

盛土の安定を確保するため，又は盛土の有害な沈下を抑制するため，必要な場合には盛土の基礎地盤について適切な処置を施す必要がある。表層部に軟弱層が存在する場合等では，表層部の除去，地盤改良等の対策を考慮する必要がある。地すべり地，急崖地等で盛土の基礎地盤となる斜面に変状が生じると考えられる場合には，必要に応じて４－４－１に従い斜面安定対策の検討を行う必要がある。

特に軟弱地盤上の盛土はすべりに対する安定，沈下，変形が問題となる。（１）に示した盛土のすべりに対する安定，沈下，変形等の安定性の照査の結果，安定性が満足できない場合，又は通常の施工に支障を生じるような場合には，軟弱地盤対策等の適用を検討する必要がある。軟弱地盤上の盛土の設計にあたっては，地盤調査結果を十分に活用するとともに，軟弱地盤上の盛土及び地盤の挙動予測の不確実性に配慮した設計を行う必要がある。また，必要に応じて試験施工を実施し，施工にあたっては情報化施工により，正確な地盤挙動の把握に努めるとともに，場合によっては設計の見直しを行うなどの対応を図る必要がある。

飽和したゆるい砂質土地盤では，地震動の作用による地盤の液状化により地盤のせん断強さが大きく失われる場合があるので注意が必要である。特に，水際線付近や傾斜した基盤では地盤の液状化に伴う大変形が生じることがあるため注意が必要であり，必要に応じて（1）に示した地震時の照査を行う。

また，河川の付替え等を伴い，のり尻付近に新しい河道を設けるような盛土では，基礎地盤に大きな偏荷重が作用しやすく，地震動により基礎地盤に著しい変状が生じることがあるため注意が必要である。

対策工の検討にあたっては，対策を必要とする理由や目的を十分踏まえたうえで，対策工法の原理，対策効果，施工方法，周辺環境に及ぼす影響及び経済性等を総合的に検討し，適切な対策工法を選定する必要がある。

4－4－3　カルバート

（1）常時の作用としては，少なくとも死荷重の作用，活荷重の作用及び土圧の作用を考慮する。
（2）カルバート裏込め部は，雨水や湧水等を速やかに排除する構造となるよう設計する。
（3）カルバートの基礎地盤は，カルバートの著しい沈下等を生じないよう設計する。

（1）カルバートの設計における照査の基本的な考え方

1）カルバートの設計の考え方

4－3において道路土工構造物の要求性能が示されており，カルバートの設計にあたっては，原則として要求性能に対してカルバートの限界状態を設定し，想定する作用に対するカルバートの状態が限界状態を超えないことを照査することが基本となる。ただし，既往の経験・実績，類似の構造形式や土質条件のカルバートの施工実績・災害事例等から要求性能を満足すると考えられる仕様等については，その適用範囲においてはこれを活用してよい。ただし，適用範囲を外れる場合や，新たな構造形式を適用した場合，既往の事例から想定する各作用により変状・被害が想定されるような条件の場合においては個別の検討を行う必要がある。

2）想定する作用と荷重

カルバートの設計にあたって想定する作用には，常時の作用，地震動の作用及びその他の作用がある。その他の作用については，カルバートの設置条件，種類等によって，凍上，塩害の影響，酸性土壌中での腐食等を考慮する必要がある。

カルバートの設計にあたっては，以下の荷重から想定する作用とカルバートの設置条件，種類等によって適切に選定する必要がある。

i）死荷重

材料の単位体積重量を適切に評価して設定する必要がある。

ii）活荷重・衝撃

上部道路を走行する自動車からの載荷重として，活荷重を考慮する必要がある。活荷重の載荷に際しては，衝撃を考慮する必要がある。

iii）土圧

土圧は，カルバートの構造や土質条件，施工条件を考慮して適切に設定する必要がある。

iv）水圧及び浮力

水圧は，地盤条件や地下水位の変動等を考慮して適切に設定する必要がある。浮力は，間隙水や地下水位の変動等を考慮して適切に設定する必要がある。浮力は上向きに作用するものとし，カルバートに最も不利になるように載荷する必要がある。

v）地盤変位の影響

供用中の地盤の圧密沈下等による地盤変位がカルバートの健全性に影響を与えるおそれがある場合には，この影響を適切に考慮する必要がある。

vi）地震の影響

地震の影響には，振動応答に起因する慣性力（以下「慣性力」という。），地震時土圧，地震時の周辺地盤の変位又は変形，地盤の液状化の影響があり，地盤条件，構造条件，解析モデルに応じて適切に設定する必要がある。

vii）その他

カルバートの設置条件，種類に応じて温度変化の影響及びコンクリートの乾燥収縮の影響等を適切に考慮する必要がある。

荷重の組合せは，同時に作用する可能性が高い荷重の組合せのうち，最も不利となる条件を考慮して設定し，荷重は想定する範囲内でカルバートに最も不利な断面力又は変位が生じるように作用させる。一般的な荷重の組合せは次のとおりである。

① 死荷重＋活荷重・衝撃＋土圧（＋水圧及び浮力）

② 死荷重＋土圧（＋水圧及び浮力）

③ 死荷重＋土圧＋地震の影響（＋水圧及び浮力）

常時の作用に対しては①及び②，地震動の作用に対しては③の組合せについて設計を行えばよい場合が多い。

3）カルバートの限界状態と照査の考え方

i）照査の基本的な考え方

カルバートの設計にあたっては，要求性能に応じたカルバートの限界状態を設定し，想定する作用によって生じるカルバートの状態が限界状態を超えないことを照査する必要がある。すなわち，現地の条件や用途に応じた構造形式や規模を選定のうえ，カルバートの構成要素ごとに要求性能に応じて限界状態を設定し，2）の想定する作用によって生じるカルバートの状態が限界状態を超えないことを照査する必要がある。カルバート本体，上部道路及び内空道路の要求性能に応じた限界状態と照査の考え方及び照査項目の例を示すと，**解表4―10**のとおりである。

解表４－10　カルバートの要求性能に対する限界状態と照査項目（例）

要求性能	カルバートの限界状態	構成要素	構成要素の限界状態	照査項目	照査手法
性能１	カルバートが健全である，又は，カルバートは損傷するが，当該カルバートの存する区間の道路としての機能に支障を及ぼさない限界の状態	カルバート及び基礎地盤	カルバートが安定であるとともに，基礎地盤の力学特性に大きな変化が生じず，かつ基礎地盤の変形がカルバート本体及び上部道路に悪影響を与えない限界の状態	変形	変形照査
				安定	安定照査・支持力照査
		カルバートを構成する部材	力学特性が弾性域を超えない限界の状態	強度	断面力照査
		継手	損傷が生じない限界の状態	変位	変位照査
性能２	カルバートの損傷が限定的なものにとどまり，当該カルバートの存する区間の道路の機能の一部に支障を及ぼすが，すみやかに回復できる限界の状態	カルバート及び基礎地盤	復旧に支障となるような過大な変形や損傷が生じない限界の状態	変形	変形照査
				安定	支持力照査
		カルバートを構成する部材	損傷の修復を容易に行い得る限界の状態	強度・変形	断面力照査・変形照査
		継手	損傷の修復を容易に行い得る限界の状態	変位	変位照査
性能３	カルバートの損傷が，当該カルバートの存する区間の道路の機能に支障を及ぼすが，当該支障が致命的なものとならない限界の状態	カルバート及び基礎地盤	隣接する施設等へ甚大な影響を与えるような過大な変形や損傷が生じない限界の状態	変形	変形照査
				安定	支持力照査
		カルバートを構成する部材	カルバートの耐力が大きく低下し始める限界の状態	強度・変形	断面力照査・変形照査
		継手	継手としての機能を失い始める限界の状態	変位	変位照査

ii）限界状態

①　性能１に対するカルバートの限界状態

性能１に対するカルバートの限界状態は，カルバートが健全である，又は，カルバートは損傷するが，当該カルバートの存する区間の道路としての機能に支障を及ぼさない範囲内で適切に定める必要がある。カルバートの長期的な沈下や変形，地震動の作用等による軽微な損傷を完全に防止することは現実的ではない。このため，性能１に対するカルバートの限界状態は，道路の安全性，使用性及び修復性をすべて満足する観点から，カルバートや上部道路に軽微な亀裂や段差が生じた場合でも，平常時においての点検及び補修，また地震時等においての緊急点検及び緊急措置により，道路としての機能を確保できる限界の状態として設定すればよい。この場合，カルバート及び基礎地盤の限界状態は，カルバートが安定であるとともに，基礎地盤の力学特性に大きな変化が生じず，かつ上げ越し量や内空断面の余裕高等を勘案して基礎地盤の変形がカルバート及び上部道路から要求される変位にとどまる限界の状態として設定すればよい。カルバートを構成する部材については，力学特性が弾性域を超えない限界の状態として設定すればよい。継手については，損傷が生じない限界の状態として設定すればよい。

② 性能２に対するカルバートの限界状態

性能２に対するカルバートの限界状態は，カルバートの損傷が限定的なものにとどまり，当該カルバートの存する区間の道路の機能の一部に支障を及ぼすが，すみやかに回復できる範囲内で適切に定める必要がある。このため，性能２に対するカルバートの限界状態は，道路の安全性及び修復性を満足する観点から，カルバートに損傷が生じて通行止め等の措置を要する場合でも，応急復旧等により道路の機能を回復できる限界の状態として設定すればよい。この場合，カルバート及び基礎地盤の限界状態は，復旧に支障となるような過大な変形や損傷が生じない限界の状態として設定すればよい。また，カルバートを構成する部材及び継手の限界状態は，想定する作用に対する損傷の修復を容易に行い得る限界の状態として設定すればよい。この際，損傷した場合の修復方法等を考慮して設定する必要がある。

③ 性能３に対するカルバートの限界状態

性能３に対するカルバートの限界状態は，カルバートの損傷が，当該カルバートの存する区間の道路の機能に支障を及ぼすが，当該支障が致命的なものとならない範囲内で適切に定める必要がある。このため，性能３に対するカルバートの限界状態は，道路の使用性及び修復性は失われても，安全性を満足する観点から，カルバートの大規模な崩壊によって道路自体が失われたり，内部空間や隣接する施設等への甚大な影響が生じたりするのを防止できる限界の状態として設定すればよい。この場合，カルバート及び基礎地盤の限界状態は，隣接する施設等へ甚大な影響を与えるような過大な変形や損傷が生じない限界の状態として設定すればよい。また，カルバートを構成する部材については，部材の耐力が大きく低下し始める限界の状態を設定すればよい。継手については継手としての機能を失い始める限界の状態として設定すればよい。

ⅲ）照査方法

カルバートの照査では，照査手法とカルバートを構成する要素の限界状態に応じて応力度，断面力，安全率，残留変位等の照査指標及びその許容値を適切に設定し，想定する作用に対して照査指標が許容値以下となることを照査する必要がある。

照査に際しては，カルバートの種類，想定する作用及び限界状態，必要となる地盤調査，必要とされる精度等を考慮して，適切な照査方法を選定する必要がある。照査にあたっては，カルバートは盛土又は地盤によって囲まれているため，カルバートと地盤の関係，カルバート周辺及び基礎地盤の条件等を考慮した手法を用いる。

地震動の作用に対する照査方法としては，大きく分けて，構造物の地震時挙動を動力学的に解析する動的照査法と，地震の影響を静力学的に解析する静的照査法に大別される。一般に，動的照査法は地震時の現象を精緻にモデル化し，詳細な地盤調査に基づく入力データと高度な技術的判断を必要とする。一方，静的照査法は現象を簡略化して，比較的簡易に実施することが可能であるが，静的荷重へのモデル化や地震時挙動の推定法等については適用条件があり，すべての形式のカルバートや地盤条件に対して適用できるものではない。また，カルバートのような盛土又は地盤中に設けられる地中構造物では，一般に，カルバート周辺の盛土及び地盤の慣性力や挙動が影響する。周辺の盛土及び地盤の影響の考え方として地震時土圧を考慮する手法と盛土及び地盤の変位を考慮した手法がある。後者については，地盤の変形を考慮した応答変位法や，近年地下構造物の耐震設計への適用事例が多い応答震度法を始めとするＦＥＭ系静的解析手法等がある。ただし，地盤定数の設定や適用条件について，十分な検討を行うことが重要である。また，限界状態としてカルバートの塑性化を考慮する場合には，塑性化を考慮できる手法により照査を行うのがよい。

これらの照査や条件を満たすため，要求される強度，施工性，耐久性，環境適合性等の性能を満足するための品質を有し，その性状が明らかな材料を用いる。

具体的な設計・照査の手法は，論理的で妥当性を有する方法や実験等による検証がなされた方法，これまでの経験・実績から妥当とみなせる方法等，適切な知見に基づいて行う。

4）照査における既往の経験・実績の適用

解図4－5に示す構造形式で開削工法により設置され，かつ**解表4－11**に示す適用範囲内であるとともに，以下の条件を満たすカルバートを「従来型カルバート」と呼ぶ。

ｉ）裏込め・埋戻し材料は土であること

ⅱ）カルバートの縦断方向勾配が10％程度以内であること

ⅲ）本体断面にヒンジがないこと

ⅳ）単独で設置されること

ｖ）直接基礎により支持されること

ⅵ）中柱によって多連構造になっていないこと

ⅶ）土かぶり50cm以上を確保すること

ここで，剛性ボックスカルバートは，矩形（ボックス形・門形）ないし頂部がアーチ形の内空断面を有する比較的剛性の高い構造のカルバートである。パイプカルバートは一般に円形の内空断面を有するもので，剛性パイプカルバートは鉛直土圧に対するたわみ量が小さい構造体である。これに対し，たわみ性パイプカルバートは，薄肉でたわみ性に富む構造体であり，鉛直土圧によってたわむことによりカルバートの両側の土砂を圧縮し，そのとき反力として生じる水平土圧を受けることによってカルバートに加わる外圧を全周にわたり均等化して抵抗するものである（**解図4－6**参照）。

従来型カルバートに対するこれまでの経験・実績から妥当とみなせる方法

であると考えられる方法に，慣用設計法がある。従来型カルバートは，「道路土工−カルバート工指針」に示す慣用設計法により設計され，かつ条文（2），（3）の規定を満足すれば，**解表4−3**に例示した重要度1の要求性能を満足すると考えてよい。

慣用設計法におけるカルバートの構成要素ごとの照査項目，照査手法の例を**解表4−12，解表4−13**に示す。

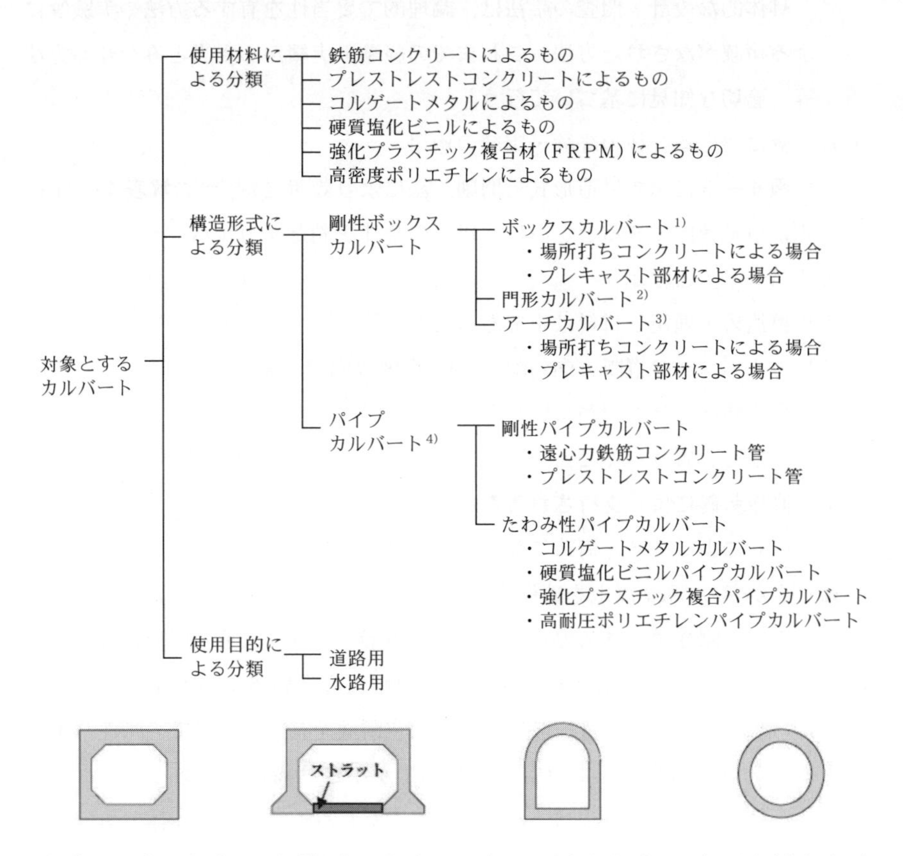

解図4−5　従来型カルバートの種類

解表4－11　従来型カルバートの適用範囲

カルバートの種類 ＼ 項目			適用土かぶり(m)※1	断面の大きさ(m)
剛性ボックスカルバート	ボックスカルバート	場所打ちコンクリートによる場合	0.5～20	内空幅B：6.5まで 内空高H：5まで
		プレキャスト部材による場合	0.5～6※2	内空幅B：5まで 内空高H：2.5まで
	門形カルバート		0.5～10	内空幅B：8まで
	アーチカルバート	場所打ちコンクリートによる場合	10以上	内空幅B：8まで
		プレキャスト部材による場合	0.5～14※2	内空幅B：3まで 内空高H：3.2まで
剛性パイプカルバート	遠心力鉄筋コンクリート管		0.5～20※2	3まで
	プレストレストコンクリート管		0.5～31※2	3まで
たわみ性パイプカルバート	コルゲートメタルカルバート		(舗装厚+0.3)又は0.6の大きい方～60※2	4.5まで
	硬質塩化ビニルパイプカルバート(円形管(VU)の場合)※3		(舗装厚+0.3)又は0.5の大きい方～7※2	0.7まで
	強化プラスチック複合パイプカルバート		(舗装厚+0.3)又は0.5の大きい方～10※2	3まで
	高耐圧ポリエチレンパイプカルバート		(舗装厚+0.3)又は0.5の大きい方～26※2	2.4まで

※1：断面の大きさ等により，適用土かぶりの大きさは異なる場合もある。
※2：規格化されている製品の最大土かぶり
※3：硬質塩化ビニルパイプカルバートには，円形管(VU，VP，VM)，リブ付き円形管（PRP）があるが，主として円形管(VU)が用いられる。

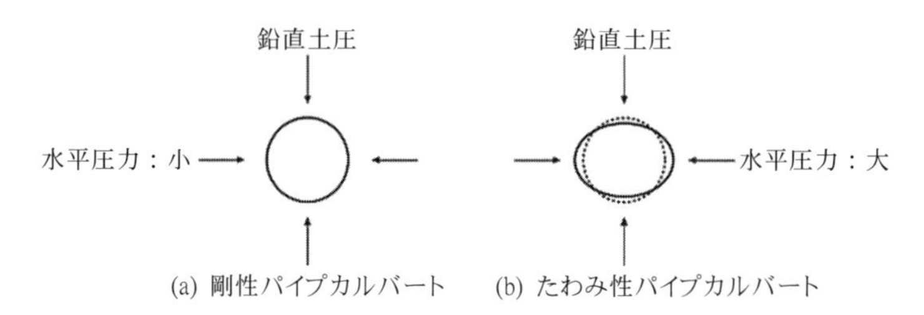

解図4－6　剛性パイプカルバートとたわみ性パイプカルバートの特性の違い

解表 4 —12　従来型剛性ボックスカルバートの照査項目及び照査手法の例

構成要素	照査項目	照査手法	従来型剛性ボックスカルバートの照査項目※)			摘　要
			ボックスカルバート	門形カルバート	アーチカルバート	
カルバート及び基礎地盤	変形	変形照査	△	△	△	基礎地盤に問題がない場合には省略可
	安定	安定照査・支持力照査	△	○	△	門形カルバート以外の従来型剛性ボックスカルバートで基礎地盤に問題がない場合には省略可
カルバートを構成する部材	強度	断面力照査	○	○	○	門形カルバート以外の従来型剛性ボックスカルバートでは地震動の作用に対する照査は省略可
継手	変位	変位照査	×	×	×	カルバート工指針に示す継手構造を採用した従来型剛性カルバートでは省略可

※）○：実施する，△：条件により省略可，×：一般に省略可

解表 4 －13　従来型パイプカルバートの照査項目及び照査手法の例

構成要素	照査項目	照査手法	従来型パイプカルバートの照査項目※)		摘　要
			剛性パイプカルバート	たわみ性パイプカルバート	
カルバート及び基礎地盤	変形	変形照査	△	△	基礎地盤に問題がない場合には省略可
	安定	安定照査・支持力照査	△	△	
カルバートを構成する部材	強度	断面力照査	○	○	従来型パイプカルバートでは地震動の作用に対する照査は省略可
継手	変位	変位照査	×	×	カルバート工指針に示す継手構造を採用した従来型パイプカルバートでは省略可

※）○：実施する，△：条件により省略可，×：一般に省略可

従来型カルバートの設計にあたっては，**解表 4 —12**，**解表 4 —13** に示すとおり，カルバート及び基礎地盤の変形と安定，カルバートを構成する部材の強度，継手の変位を照査する必要がある。

カルバートの設計は，横断方向，縦断方向（構造物軸方向）について行うが，基礎地盤が良好で，継手間隔が 10～15m以下の場合，さらに剛性ボックスカルバートでは横断方向の主鉄筋に見合う配力鉄筋を配置すれば，縦断方向の検討を省略できる。しかし，継手間隔が 15m以上となる場合や，カルバートの縦断

方向に荷重が大きく変化する場合，基礎地盤が軟弱な場合又はカルバートの縦断方向に沿って地盤条件が急変するなど不同沈下が生じる可能性が高い場合は，縦断方向の検討を行う。縦断方向の検討は，継手部の変位量及び止水性，カルバート本体の縦断方向の部材の安全性等について，カルバートの構造形式，荷重条件，地盤条件等を踏まえて適宜検討する必要がある。

カルバート及び基礎地盤の変形と安定の照査では，作用する荷重に対して安定であることを照査するとともに，カルバートが地下水位以下に設置される場合には，浮上がりに関する検討を行うことを基本とする。ただし，カルバート及び基礎地盤の安定性に関する照査は，門形カルバート以外の従来型カルバートで，基礎地盤が良好であり，設計で前提とした施工が行われる場合には，省略できる。従来型カルバートでカルバート及び基礎地盤の安定性の照査を行う場合であっても，基礎地盤が良好な場合には，圧密沈下等による基礎地盤の沈下がカルバートに及ぼす影響は少ないため，基礎地盤の変形の照査を省略できる。

部材の強度の照査は，構造形式ごとに作用する荷重に対し，最も不利となる条件を考慮し，部材に生じる断面力が許容値以下であることを，許容応力度法により照査する。また，温度変化及びコンクリートの乾燥収縮の影響については土かぶりが薄いなどの理由から必要な場合，地盤変位の影響については，地盤の不同沈下によりカルバートに悪影響を与えるおそれがある場合に考慮する必要がある。従来型カルバートを構成する部材の設計にあたっては，上述の部材の強度の照査に加えて，構造物に損傷が生じないための措置，構造上の弱点を作らない配慮，弱点と考えられる部分の補強方法，施工方法等を考慮し，設計に反映させる。

継手部については，基礎地盤や基床部の条件，地下水位，気象条件，カルバートの種類及び長さ，土かぶり，基礎形式，上げ越し量，設計で想定される沈下量等を考慮し，適切な構造形式，設置位置，遊間を設定する必要がある。従来型カルバートの継手については，作用する荷重に対して継手に損傷が生じないことを確認する必要があるが，経験・実績から機能について把握されている継手構造を採用する場合には変位の照査を省略できる。

なお，従来型カルバートの地震動に対する照査は，門形カルバートを除き，省略できる。門形カルバートについてはレベル１地震動の作用に対する照査を行えば，レベル２地震動に対する照査を省略できる。これらは，①既往の剛性ボックスカルバートの被災事例によると，大きな被害が生じた事例はないこと，②剛性ボックスカルバートは橋脚等の地上に突き出した構造物と比較して周辺地盤の挙動の影響が大きく，カルバート自身の慣性力の影響が少ないこと，③剛性ボックスカルバートは不静定次数の高いラーメン構造であり，部分的な破壊がカルバート全体の崩壊につながる可能性は低いこと等を考慮したものである。ただし，門形カルバート以外の従来型の剛性ボックスカルバートであっても，カルバートが地下水位以下に埋設され，周辺地盤の液状化の発生が想定される場合には，必要に応じて液状化に伴う過剰間隙水圧を考慮して浮上がりに対する検討を行う。

（2）裏込め部の排水及び締固め

剛性ボックスカルバートの裏込め部は，カルバート前後の盛土や上部道路の路面の沈下に影響する。裏込め部の含水比上昇は，供用後では盛土の沈下，施工中では締固めができなくなるなど，施工への支障となる。そのため，カルバートの裏込め部は雨水や湧水等をすみやかに排除する構造となるよう設計及び施工を適切に実施する必要がある。こうした配慮は，従来型カルバート及びそれ以外のカルバートのいずれにおいても，設計で想定した性能を確保するための前提となる。

カルバートの裏込め・埋戻しには，締固めが容易で，圧縮性が小さく，透水性があり，かつ水の浸入によっても強度の低下が少ないような安定した材料を用い，沈下や液状化を起こさないよう十分に締固めを行う必要がある。なお，締固め管理基準値の目安は**解表４－９**に示している。パイプカルバートの場合，管底部直下に設けられる基床部と管面との間にくさび状の隙間ができるため，隙間の部分（管底側部）は突き棒等を用いて十分に締め固める。裏込め部には必要に応じて地下排水溝を設置する，カルバート本体の側壁やウイングに水抜き孔を設けるなど，施工中から供用中までを通じて排水には十分に配慮することが重要である。

また，裏込め部に流入した雨水や湧水がカルバート内空に流入することなく，すみやかにかつ適切に排水されなければならず，カルバート相互の一体性や継手部の止水性を確保する必要がある。

（3）基礎地盤の設計

解表４－10に示したとおり，基礎地盤について要求性能に応じて変形と安定の照査を行う。基礎地盤に関する照査項目としては，変形照査，安定照査等がある。

門形カルバート以外の従来型カルバートで基礎地盤に問題がない場合は，**解表４－12**及び**解表４－13**に示したように基礎地盤に関する各照査を省略できる。

カルバートの基礎形式は，カルバートと裏込め部の間に不同沈下が生じるのを防ぐ観点から，カルバートと周辺地盤が一体となって挙動する直接基礎が望ましい。

対策をせずに直接基礎を適用することが困難な場合は，設置箇所の地形や地盤条件，環境条件，施工条件及びカルバートの構造形式等を総合的に検討し，適切な基礎地盤対策を選定する必要がある。

軟弱地盤にカルバートを設置する場合は，上げ越しにより施工時以降の沈下に対応する，もしくはプレロード工法により残留沈下量がカルバートの機能上支障とならない沈下量となってからカルバートの施工を行う。地表近くに軟弱層がある場合は，良質材料での置換えや土質安定処理を行う。地下水位が高い場合には，置換え材が液状化しないよう注意を払う必要がある。やむを得ず，杭基礎のような大きな沈下量を許容しない基礎地盤対策とする場合は，周辺盛土及び地盤の沈下に伴う鉛直土圧の増加と道路面の不同沈下について十分な検討と対策を行う。

その他，地下水位以下に施工されるカルバートについては，浮上がりに対する安定の照査を行う。

これらの基礎地盤対策の設計に用いる土の設計定数は，土質試験及び原位置試験等の結果を総合的に判断し，施工条件も十分に考慮して設定する必要がある。

第５章　道路土工構造物の施工

（１）道路土工構造物の施工は，設計において定めた条件が満たされるよう行わなければならない。

（２）道路土工構造物の施工にあたっては，十分な品質の確保に努め，環境への影響にも配慮しなければならない。

（１）施工の基本

道路土工構造物の施工の基本は，目的の道路土工構造物が所要の機能及び品質を持つように設計図書で示される道路の形状及び品質を現地の地形，地質等に整合させながら的確に築造することである。

鋼，コンクリート等の材料は比較的均質で，かつ強度のようなパラメータについても設計の段階で設定し，施工において適切な品質管理を行い，外観寸法等の形状を再現することで設計により定めた性能を担保することができる。一方，道路土工構造物の主たる材料となる土砂や岩石等は営力によって生成されたもので，その性状は複雑多様であり，しかも不均質性や不確実性を多く内包する。したがって，道路土工構造物は外形的な寸法だけを再現するように施工したとしても，求められる品質は保証されない。

こうした材料の不均質性と不確実性への対処として，道路土工構造物の設計においては，外形的な形状に加えて，維持管理の方法を考慮のうえ施工条件を定めることで，その品質を担保することが基本である。例えば盛土の施工におけるまき出し厚，締固め層厚，密度等の管理値はこうした条件にあたるものである。

道路土工構造物の場合，対象となる地盤や材料となる土砂や岩石等の性状は複雑多様であることから，事前調査では完全な条件の把握は難しく，また，施工は自然の気象条件下で行われるため，温度変動や降雨による浸透水等の影響を強く受けながらの作業である。そのため，予期せぬ事態に遭遇することも少なくない。

このため，施工管理において当初の設計条件を確認することが重要であるとともに，必要に応じて施工の段階で調査を追加して設計や施工方法を変更するなど，臨機の処置をとることが特に大切である。こうした変更は，場合によっては計画に立ち返っての対応が必要となる場合もある。特に地すべり地形のように道路土工構造物の対象とする災害に関わる情報や軟弱地盤の存在のように道路土工構造物の基礎地盤に関する情報，湧水の存在のような水に関する情報は，道路土工構造物の設計の前提条件に影響を与えることがあり，対応を誤ると大きな事故につながることがあるため，留意が必要である。

（2）品質の確保

近年は，建設リサイクルの観点から多少の不良土であっても現場周辺から発生する建設発生土を使用するケースが多くなってきており，使用する材料が当初の設計で前提とした条件と異なる場合もある。その場合には締固め方法や締固め管理基準を見直す，安定処理等を行うなど，施工の段階で対応が求められることもある。一般に，こうした安定処理等は施工性や強度といった観点から管理されるが，改良によって排水等に影響が及び，道路土工構造物の設計の前提に適合しなくなる場合があるので注意が必要である。使用する土質材料が当初の想定から変わった場合に設計や施工方法の変更等の要否を判断するために留意すべき点を**解表５－１**に例示した。

解表５－１に示した事項はごく一部の例であり，この他にも粒度分布や含水比等のさまざまな性状が施工に影響を及ぼす。こうした条件の変化は事前に予測することは難しい。そのため，施工の段階で条件の変化に的確に対応するためにも設計の前提条件を明確に定めておくことが重要である。

道路土工構造物の性能は，材料や設計以上に施工の良否によって大きな影響を受けることが知られている。必要に応じて情報化施工等を行いつつ，現場の状況に柔軟に対応しながら施工の品質確保に努める必要がある。

土は流水によって侵食されやすく，水の浸透によって著しく強度が低下するため，施工中の道路土工構造物の強度が低下したり円滑な施工が阻害されたりすることがあるので，表流水及び地下水を適切に処理することが必要である。入念な施工を行うことは当然であるが，施工の段階で供用中の道路土工構造物の性能を低下させるような要因が確認された場合には，これらを極力排除する

解表５－１　使用する土質材料が変わった場合に留意すべき点の例

土質材料が変わった場合の着目点	留意すべき点の例
土質分類	道路土工構造物には，使用可能な土の分類に制約が設けられている場合がある。使用する土が当初の想定と異なる分類となった場合，必要に応じて使用の適否を判断するための土質試験を行ったり，道路土工構造物の設計の見直しをしたりすることがある。場合によっては道路土工構造物の構造形式の変更が必要となることもある。安定処理によって道路土工構造物への使用の適否が変わる場合がある。 粘性土系の材料となった場合に，土の含水比が高くなると締固めが困難となるため，安定処理が必要となる場合がある。
単位体積重量	単位体積重量が変化すると擁壁，カルバート等の道路土工構造物に作用する土圧や荷重が変化する場合がある。 道路土工構造物を軟弱地盤上や地すべり頭部に構築する場合，盛土や裏込め材の重量が沈下やすべりを誘発することがあり，そのような場合には沈下やすべり抑止の対策又は土の軽量化改良を行うことがある。
強度特性 (強度定数)	せん断抵抗角，粘着力といった土の強度定数が変わると道路土工構造物に作用する土圧が変わる場合がある。安定性が低下する場合には，形式・形状の変更や安定処理が必要となることがある。
透水性 (透水係数)	土の透水係数が低下すると，排水の追加の検討が必要となる場合もある。また，土の安定処理により透水係数が低下する場合もある。
土の含有物質	土が特定の物質を含有している場合に，材料を使用できる箇所・部位に制限が必要となる場合がある。 材料の pHや化学物質の含有によって，周辺環境や道路土工構造物の部材に影響が及ぶ場合があり，中和などの処理や遮断処理が必要となる場合がある。

ことが重要である。

目的とする十分な品質を確保するためには，道路土工構造物の安定性に大きく影響する水，基礎地盤の処理，締固め等に対して十分な配慮をした施工が必要である。発注者と受注者は，常に施工の過程において設計で前提とした条件が満足されているか不断に意志の疎通を図ることが重要である。上述のように施工の段階において，設計の段階では予期していなかった事態に遭遇することも多く，このような場合には随時設計の見直しを含めた臨機の対応を行い，さらには施工後の維持管理等を考慮して見直しの詳細を記録し保存しておく必要がある。

円滑な工事の推進を期するためには，災害の防止並びに周辺の自然環境及び社会環境（例えば振動，騒音，大気汚染等）に対して十分に配慮して施工を進める必要がある。

第6章　記録の保存

道路土工構造物の維持管理に必要となる記録は，当該道路の機能を踏まえ，適切に保存するものとする。

道路土工構造物は，調査，計画，設計及び施工の各段階において不確実性を有するため，維持管理の段階においてさまざまな対策を講じてその機能を維持しつつ，段階的に不確実性を低減していくことが重要である。また，機能の維持に加え，道路土工構造物のさまざまな変状を契機として対策を実施することで性能をさらに高めていくということも行われる。

道路土工構造物を的確に維持管理していくためには，調査，計画，設計，施工及び既往の維持管理に関するさまざまな情報に鑑みることが必要である。そのためには，地形，地質，土質等のデータに加え，設計及び施工時の情報並びに点検結果，被災履歴，補修補強履歴等の維持管理上必要となる情報を保存し，活用していくことが重要である。

災害による損傷等については，過去の被災履歴，対策の実態，地形・地質情報等を踏まえて災害危険箇所を把握し，必要に応じて防災管理基図（道路防災マップ）等を整備し，道路区域及び周辺斜面の範囲からの災害への対応や，状況に応じて維持管理の重点化等を検討することが望ましい。

さらに，施工及び維持管理の過程で発生した事象について情報を取得し，又は対応を講じた場合には，その内容のみならず対応等を行った経緯や判断の根拠も重要な情報となる。

これらの記録は，道路の重要性等の条件に鑑みて，期間，内容，様式等を設定し適切に保存する。維持管理に必要な情報は調査，計画，設計，施工及び維持管理の各段階において多くの異なる主体によって分担して取得されるものである。長期間の確実な記録の保存のためには，維持管理のための様式を定めて管理することが効率的である。

付録（用語の説明）

用語の説明

（1）崩壊

のり面又は自然斜面での土塊（岩塊）の移動のうち，移動速度が速く，移動土塊又は岩塊が著しく乱された状態のものをいう。

（2）落石

岩盤の割れ目（岩盤中に発達する節理，片理，層理等の割れ目）が拡大し，岩塊又は礫がはく離したり，岩塊，玉石，礫が崖錐堆積層表面に浮きだして斜面より落下したりする現象のうち，個数で表現できる少量のものをいう。落下した岩塊等も落石ということが多い。

（3）岩盤崩壊

岩盤の割れ目（岩盤中に発達する節理，片理，層理等の割れ目）が拡大し，岩塊がはく離又は崩壊する現象のうち，体積で表現される大量のものをいう。

（4）地すべり

地山内部のある面を境界として，その上部の岩盤や土砂等の土塊が比較的遅い速度で徐々に下方へ移動する現象をいう。

（5）土石流

山間の渓流において，土砂，岩石及び流木が，水と一体となって流下する現象をいう。流下するものにより，渓床堆積土砂礫による土石流，山腹崩壊土砂による土石流，河道閉塞後の崩壊による土石流，地すべり土塊による土石流がある。

（6）軟弱地盤

道路土工構造物の基礎地盤として十分な支持力を有しない地盤で，その上に盛土等の道路土工構造物を構築すると，すべり破壊，道路土工構造物の沈下，周辺地盤の変形，あるいは地震時に液状化が生じる可能性のある地盤のことをいう。

（7）路体

基礎地盤から路床より下の盛土を構成する，土砂や岩石等を主とした部分をいう。

（8） 舗装

コンクリート舗装の道路においてはコンクリート舗装版から路盤まで，アスファルト舗装の道路においては表層から路盤までの部分をいう。

（9） 原地盤，基礎地盤

道路構築前の状態で手を加えていない地盤を原地盤といい，盛土，カルバート，擁壁等の基礎を構成する地盤の部分を基礎地盤という。

(10) 排水，排水施設

道路土工構造物表面や内部に浸入した水を構造物外部へ排除することを排水という。排水を行うために設ける施設を排水施設といい，構造物背後からの水を流下させる横断排水施設や流末処理施設等もこれに含める。

(11) のり面保護，のり面保護施設

のり面保護は，のり面の侵食や風化，崩壊を防止することをいい，のり面保護施設は，のり面緑化とのり面保護構造物に分けられる。

(12) 擁壁

土だけでは安定性を保ち得ない場合，又は時間の経過とともに斜面の風化等が進み安定が損なわれるおそれがある場合に，斜面の崩壊を防止あるいはのり面を保護するために盛土部及び切土部に作られる壁状の構造物をいう。

(13) 小段

のり面排水，維持管理等のために盛土や切土等ののり面の途中に設ける平場をいう。

(14) 裏込め

カルバート，擁壁等の背面を土砂等の材料で密実に充填した部分をいう。

(15) 埋戻し

カルバート，擁壁等を設置するために掘削した部分を盛土又は地盤として使用するために土砂等の材料で密実に充填した部分をいう。

執　筆　者（五十音順）

浅　井　健　一	阿　部　　　稔	稲　垣　由紀子
稲　本　義　昌	今　田　一　典	榎　本　忠　夫
加　藤　俊　二	久　保　和　幸	佐々木　哲　也
佐々木　靖　人	澤　松　俊　寿	志々田　武　幸
高　木　　　繁	谷　川　征　嗣	淡　中　泰　雄
中　田　　　光	藤　田　智　弘	間　渕　利　明
宮　武　裕　昭	森　　　芳　徳	谷内上　哲　生
藪　　　雅　行	吉　澤　　　覚	吉　田　敏　晴
和　田　　　卓		

道路土工構造物技術基準・同解説

平成29年３月31日　初　版　第１刷発行
令和５年４月21日　　　　　第７刷発行

編　集
発行所　公益社団法人　日本道路協会
東京都千代田区霞が関３－３－１

印刷所　大和企画印刷株式会社

発売所　丸善出版株式会社
東京都千代田区神田神保町２－17

ISBN978-4-88950-420-0　C2051

日本道路協会出版図書案内

図書名	ページ	定価(円)	発行年
交通工学			
クロソイドポケットブック（改訂版）	369	3,300	S49. 8
自転車道等の設計基準解説	73	1,320	S49.10
立体横断施設技術基準・同解説	98	2,090	S54. 1
道路照明施設設置基準・同解説（改訂版）	240	5,500	H19.10
附属物（標識・照明）点検必携 ～標識・照明施設の点検に関する参考資料～	212	2,200	H29. 7
視線誘導標設置基準・同解説	74	2,310	S59.10
道路緑化技術基準・同解説	82	6,600	H28. 3
道路の交通容量	169	2,970	S59. 9
道路反射鏡設置指針	74	1,650	S55.12
視覚障害者誘導用ブロック設置指針・同解説	48	1,100	S60. 9
駐車場設計・施工指針同解説	289	8,470	H 4.11
道路構造令の解説と運用（改訂版）	742	9,350	R 3. 3
防護柵の設置基準・同解説（改訂版） ボラードの設置便覧	246	3,850	R 3. 3
車両用防護柵標準仕様・同解説（改訂版）	164	2,200	H16. 3
路上自転車・自動二輪車等駐車場設置指針 同解説	74	1,320	H19. 1
自転車利用環境整備のためのキーポイント	140	3,080	H25. 6
道路政策の変遷	668	2,200	H30. 3
地域ニーズに応じた道路構造基準等の取組事例集（増補改訂版）	214	3,300	H29. 3
道路標識設置基準・同解説（令和2年6月版）	413	7,150	R 2. 6
道路標識構造便覧（令和2年6月版）	389	7,150	R 2. 6
橋梁			
道路橋示方書・同解説（Ⅰ共通編）（平成29年版）	196	2,200	H29.11
〃（Ⅱ鋼橋・鋼部材編）（平成29年版）	700	6,600	H29.11
〃（Ⅲコンクリート橋・コンクリート部材編）（平成29年版）	404	4,400	H29.11
〃（Ⅳ下部構造編）（平成29年版）	572	5,500	H29.11
〃（Ⅴ耐震設計編）（平成29年版）	302	3,300	H29.11
平成29年道路橋示方書に基づく道路橋の設計計算例	564	2,200	H30. 6
道路橋支承便覧（平成30年版）	592	9,350	H31. 2
プレキャストブロック工法によるプレストレスト コンクリートTげた道路橋設計施工指針	81	2,090	H 4.10
小規模吊橋指針・同解説	161	4,620	S59. 4
道路橋耐風設計便覧（平成19年改訂版）	300	7,700	H20. 1

日本道路協会出版図書案内

図書名	ページ	定価(円)	発行年
鋼道路橋設計便覧	652	7,700	R 2.10
鋼道路橋疲労設計便覧	330	3,850	R 2. 9
鋼道路橋施工便覧	694	8,250	R 2. 9
コンクリート道路橋設計便覧	496	8,800	R 2. 9
コンクリート道路橋施工便覧	522	8,800	R 2. 9
杭基礎設計便覧（令和2年度改訂版）	489	7,700	R 2. 9
杭基礎施工便覧（令和2年度改訂版）	348	6,600	R 2. 9
道路橋の耐震設計に関する資料	472	2,200	H 9. 3
既設道路橋の耐震補強に関する参考資料	199	2,200	H 9. 9
鋼管矢板基礎設計施工便覧（令和4年度改訂版）	407	8,580	R 5. 2
道路橋の耐震設計に関する資料 （PCラーメン橋・RCアーチ橋・PC斜張橋等の耐震設計計算例）	440	3,300	H10. 1
既設道路橋基礎の補強に関する参考資料	248	3,300	H12. 2
鋼道路橋塗装・防食便覧資料集	132	3,080	H22. 9
道路橋床版防水便覧	240	5,500	H19. 3
道路橋補修・補強事例集（2012年版）	296	5,500	H24. 3
斜面上の深礎基礎設計施工便覧	336	6,050	R 3.10
鋼道路橋防食便覧	592	8,250	H26. 3
道路橋点検必携～橋梁点検に関する参考資料～	480	2,750	H27. 4
道路橋示方書・同解説V耐震設計編に関する参考資料	305	4,950	H27. 4
道路橋ケーブル構造便覧	462	7,700	R 3.11
道路橋示方書講習会資料集	404	8,140	R 5. 3
舗装			
アスファルト舗装工事共通仕様書解説（改訂版）	216	4,180	H 4.12
アスファルト混合所便覧（平成8年版）	162	2,860	H 8.10
舗装の構造に関する技術基準・同解説	104	3,300	H13. 9
舗装再生便覧（平成22年版）	290	5,500	H22.11
舗装性能評価法（平成25年版）―必須および主要な性能指標編―	130	3,080	H25. 4
舗装性能評価法別冊 ―必要に応じ定める性能指標の評価法編―	188	3,850	H20. 3
舗装設計施工指針（平成18年版）	345	5,500	H18. 2
舗装施工便覧（平成18年版）	374	5,500	H18. 2
舗装設計便覧	316	5,500	H18. 2
透水性舗装ガイドブック2007	76	1,650	H19. 3
コンクリート舗装に関する技術資料	70	1,650	H21. 8

日本道路協会出版図書案内

図書名	ページ	定価(円)	発行年
コンクリート舗装ガイドブック2016	348	6,600	H28. 3
舗装の維持修繕ガイドブック2013	250	5,500	H25.11
舗装の環境負荷低減に関する算定ガイドブック	150	3,300	H26. 1
舗装点検必携	228	2,750	H29. 4
舗装点検要領に基づく舗装マネジメント指針	166	4,400	H30. 9
舗装調査・試験法便覧（全4分冊）(平成31年版)	1,929	27,500	H31. 3
舗装の長期保証制度に関するガイドブック	100	3,300	R 3. 3
アスファルト舗装の詳細調査・修繕設計便覧	250	6,490	R 5. 3
道路土工			
道路土工構造物技術基準・同解説	100	4,400	H29. 3
道路土工構造物点検必携（令和2年版）	378	3,300	R 2.12
道路土工要綱（平成21年度版）	450	7,700	H21. 6
道路土工－切土工・斜面安定工指針（平成21年度版）	570	8,250	H21. 6
道路土工－カルバート工指針（平成21年度版）	350	6,050	H22. 3
道路土工－盛土工指針（平成22年度版）	328	5,500	H22. 4
道路土工－擁壁工指針（平成24年度版）	350	5,500	H24. 7
道路土工－軟弱地盤対策工指針（平成24年度版）	400	7,150	H24. 8
道路土工－仮設構造物工指針	378	6,380	H11. 3
落石対策便覧	414	6,600	H29.12
共同溝設計指針	196	3,520	S61. 3
道路防雪便覧	383	10,670	H 2. 5
落石対策便覧に関する参考資料 ―落石シミュレーション手法の調査研究資料―	448	6,380	H14. 4
トンネル			
道路トンネル観察・計測指針（平成21年改訂版）	290	6,600	H21. 2
道路トンネル維持管理便覧【本体工編】（令和2年版）	520	7,700	R 2. 8
道路トンネル維持管理便覧【付属施設編】	338	7,700	H28.11
道路トンネル安全施工技術指針	457	7,260	H 8.10
道路トンネル技術基準（換気編）・同解説（平成20年改訂版）	280	6,600	H20.10
道路トンネル技術基準（構造編）・同解説	322	6,270	H15.11
シールドトンネル設計・施工指針	426	7,700	H21. 2
道路トンネル非常用施設設置基準・同解説	140	5,500	R 1. 9
道路震災対策			
道路震災対策便覧（震前対策編）平成18年度版	388	6,380	H18. 9

日本道路協会出版図書案内

図　書　名	ページ	定価(円)	発行年
道路震災対策便覧（震災復旧編）(令和4年度改定版)	412	9,570	R 5. 3
道路震災対策便覧（震災危機管理編）(令和元年7月版)	326	5,500	R 1. 8
道路維持修繕			
道　路　の　維　持　管　理	104	2,750	H30. 3
英語版			
道路橋示方書（Ⅰ共通編）〔2012年版〕（英語版）	160	3,300	H27. 1
道路橋示方書（Ⅱ鋼橋編）〔2012年版〕（英語版）	436	7,700	H29. 1
道路橋示方書（Ⅲコンクリート橋編）〔2012年版〕（英語版）	340	6,600	H26.12
道路橋示方書（Ⅳ下部構造編）〔2012年版〕（英語版）	586	8,800	H29. 7
道路橋示方書（Ⅴ耐震設計編）〔2012年版〕（英語版）	378	7,700	H28.11
舗装の維持修繕ガイドブック2013（英語版）	306	7,150	H29. 4
アスファルト舗装要綱（英語版）	232	7,150	H31. 3

※消費税10%を含みます。

発行所 (公社)日本道路協会　☎(03)3581-2211

発売所 丸善出版株式会社　☎(03)3512-3256

丸善雄松堂株式会社　学術情報ソリューション事業部

法人営業統括部　カスタマーグループ

TEL：03-6367-6094　FAX：03-6367-6192　Email：6gtokyo@maruzen.co.jp